高等职业教育给排水工程技术专业教学基本要求

高职高专教育土建类专业教学指导委员会
市政工程类专业分指导委员会 编制

中国建筑工业出版社

图书在版编目(CIP)数据

高等职业教育给排水工程技术专业教学基本要求/高职高专教育土建类专业教学指导委员会市政工程类专业分指导委员会编制. —北京：中国建筑工业出版社，2012.12

ISBN 978-7-112-15029-8

Ⅰ. ①高… Ⅱ. ①高… Ⅲ. ①给水工程—工程施工—高等职业教育—教学参考资料②排水工程—工程施工—高等职业教育—教学参考资料 Ⅳ. ①TU991.05

中国版本图书馆CIP数据核字（2013）第008387号

责任编辑：朱首明 王美玲

责任设计：李志立

责任校对：肖 剑 王雪竹

高等职业教育给排水工程技术专业教学基本要求

高职高专教育土建类专业教学指导委员会

市政工程类专业分指导委员会 编制

*

中国建筑工业出版社出版、发行(北京西郊百万庄)

各地新华书店、建筑书店经销

北京红光制版公司制版

北京云浩印刷有限责任公司印刷

*

开本：787×1092毫米 1/16 印张：5¼ 字数：125千字

2012年12月第一版 2012年12月第一次印刷

定价：**18.00**元

ISBN 978-7-112-15029-8

(23140)

土建类专业教学基本要求审定委员会名单

主　任： 吴　泽

副主任： 王凤君　袁洪志　徐建平　胡兴福

委　员： （按姓氏笔划排序）

丁夏君　马松雯　王　强　危道军　刘春泽

李　辉　张朝晖　陈锡宝　武　敬　范柳先

季　翔　周兴元　赵　研　贺俊杰　夏清东

高文安　黄兆康　黄春波　银　花　蒋志良

谢社初　裴　杭

出 版 说 明

近年来，土建类高等职业教育迅猛发展。至 2011 年，开办土建类专业的院校达 1130 所，在校生近 95 万人。但是，各院校的土建类专业发展极不平衡，办学条件和办学质量参差不齐，有的院校开办土建类专业，主要是为满足行业企业粗放式发展所带来的巨大人才需求，而不是经过办学方的长远规划、科学论证和科学决策产生的自然结果。部分院校的人才培养质量难以让行业企业满意。这对土建类专业本身的和土建类专业人才的可持续发展，以及服务于行业企业的技术更新和产业升级带来了极大的不利影响。

正是基于上述原因，高职高专教育土建类专业教学指导委员会（以下简称“土建教指委”）遵从“研究、指导、咨询、服务”的工作方针，始终将专业教育标准建设作为一项核心工作来抓。2010 年启动了新一轮专业教育标准的研制，名称定为“专业教学基本要求”。在教育部、住房和城乡建设部的领导下，在土建教指委的统一组织和指导下，由各分指导委员会组织全国不同区域的相关高等职业院校专业带头人和骨干教师分批进行专业教学基本要求的开发。其工作目标是，到 2013 年底，完成《普通高等学校高职高专教育指导性专业目录（试行）》所列 27 个专业的教学基本要求编制，并陆续开发部分目录外专业的教学基本要求。在百余所高等职业院校和近百家相关企业进行了专业人才培养现状和企业人才需求的调研基础上，历经多次专题研讨修改，截至 2012 年 12 月，完成了第一批 11 个专业教学基本要求的研制工作。

专业教学基本要求集中体现了土建教指委对本轮专业教育标准的改革思想，主要体现在两个方面：

第一，为了给各院校留出更大的空间，倡导各学校根据自身条件和特色构建校本化的课程体系，各专业教学基本要求只明确了各专业教学内容体系（包括知识体系和技能体系），不再以课程形式提出知识和技能要求，但倡导工学结合、理实一体的课程模式，同时实践教学也应形成由基础训练、综合训练、顶岗实习构成的完整体系。知识体系分为知识领域、知识单元和知识点三个层次。知识单元又分为核心知识单元和选修知识单元。核心知识单元提供的是知识体系的最小集合，是该专业教学中必要的最基本的知识单元；选修知识单元是指不在核心知识单元内的那些知识单元。核心知识单元的选择是最基本的共性的教学要求，选修知识单元的选择体现各校的不同特色。同样，技能体系分为技能领域、技能单元和技能点三个层次组成。技能单元又分为核心技能单元和选修技能单元。核心技能单元是该专业教学中必要的最基本的技能单元；选修技能单元是指不在核心技能单元内的那些技能单元。核心技能单元的选择是最基本的共性的教学要求，选修技能单元的选择体现各校的不同特色。但是，考虑到部分院校的实际教学需求，专业教学基本要求在附录 1《专业教学基本要求实施示例》中给出了课程体系组合示例，可供有关院校参考。

第二，明确提出了各专业校内实训及校内实训基地建设的具体要求（见附录 2），包括：实训项目及其能力目标、实训内容、实训方式、评价方式，校内实训的设备（设施）配置标准和运行管理要求，实训师资的数量和结构要求等。实训项目分为基本实训项目、选择实训项目和拓展实训项目三种类型。基本实训项目是与专业培养目标联系紧密，各院校必须开设，且必须在校内完成的职业能力训练项目；选择实训项目是与专业培养目标联系紧密，各院校必须开设，但可以在校内或校外完成的职业能力训练项目；拓展实训项目是与专业培养目标相联系，体现专业发展特色，可根据各院校实际需要开设的职业能力训练项目。

受土建教指委委托，中国建筑工业出版社负责土建类各专业教学基本要求的出版发行。

土建类各专业教学基本要求是土建教指委委员和参与这项工作的教师集体智慧的结晶，谨此表示衷心的感谢。

高职高专教育土建类专业教学指导委员会

2012 年 12 月

前　言

《高等职业教育给排水工程技术专业教学基本要求》是根据教育部《关于委托各专业类教学指导委员会制（修）定“高等职业教育专业教学基本要求”的通知》（教职成司函【2011】158号）与住房和城乡建设部的有关要求，在高职高专教育土建类专业教学指导委员会的组织领导下，由市政工程类专业分指导委员会组织编制完成。

本教学基本要求编制过程中，针对职业岗位、专业人才培养目标与规格，开展了广泛调查研究，结合长期的教学实践，构建专业知识体系与专业技能体系，经过充分征求意见和多次修改而定稿。本要求是高等职业教育给排水工程技术专业建设的指导性文件。

本教学基本要求主要内容是：专业名称、专业代码、招生对象、学制与学历、就业面向、培养目标与规格、职业证书、教育内容及标准、专业办学基本条件和教学建议、继续学习深造建议；包括两个附录，一个是“给排水工程技术专业教学基本要求实施示例”，另一个是“给排水工程技术专业校内实训及校内实训基地建设导则”。

本教学基本要求适用于以普通高中毕业生为招生对象、三年学制的给排水工程技术专业，教育内容包括知识体系和技能体系，倡导各学校根据自身条件和特色构建校本化的课程体系，课程体系应覆盖知识/技能体系的知识/技能单元，尤其是核心知识/技能单元，倡导工学结合、理实一体的课程模式。

本教学基本要求编审委员会：

主 任 委 员：贺俊杰

副主任委员：张朝晖、范柳先

委　　　员：谭翠萍、边喜龙、张宝军、马精凭、韩培江、周美新、邓爱华、相会强、李　峰、邱琴忠、张银会、李伙穆、匡希龙、邓曼适、张　志

主 编 单 位：广西建设职业技术学院
黑龙江建筑职业技术学院
江苏建筑职业技术学院
内蒙古建筑职业技术学院

参 编 单 位：深圳职业技术学院
石家庄铁路职业技术学院
杨凌职业技术学院
宁夏建设职业技术学院
山东城市建设职业学院

广州大学市政技术学院
山西建筑职业技术学院
甘肃建筑职业技术学院
黎明职业大学
重庆建筑工程职业学院
湖南交通职业技术学院
广东建设职业技术学院

执 笔 人 员：范柳先、边喜龙、张宝军、谭翠萍

主 审 单 位：内蒙古建筑职业技术学院

主　审　人：贺俊杰

专业指导委员会衷心地希望，全国各有关高职院校能够在本文件的指导下，进行积极的探索和深入的研究，为不断完善给排水工程技术专业的建设与发展作出自己的贡献。

高职高专教育土建类专业教学指导委员会
市政工程类专业分指导委员会　贺俊杰

目　录

高等职业教育给排水工程技术专业教学基本要求

1 专业名称

给排水工程技术

2 专业代码

560603

3 招生对象

普通高中毕业生

4 学制与学历

三年制，专科

5 就业面向

5.1 就业职业领域

建筑安装工程施工、市政工程施工、工程建设监理、给水与污水处理厂（站）运行、工程设计等企业。

5.2 初始就业岗位群

主要岗位为给水排水工程施工员、运行技术员、设计员；相关岗位为监理员、造价员、测量员、材料员、质检员、安全员、资料员等。

5.3 发展或晋升岗位群

毕业后3～9年，可发展或晋升的岗位群有：助理工程师、工程师；注册建造师、注册造价工程师、注册公用设备工程师、注册监理工程师等。

6 培养目标与规格

6.1 培养目标

培养德、智、体、美全面发展，具有良好职业道德、科学创新精神，掌握必备的基本理论知识，具有较强实践能力，能从事给水排水工程施工、运行管理、工程设计等工作的高级技术技能人才。

6.2 人才培养规格

1. 基本素质

(1) 思想素质：拥护中国共产党的领导，具有正确的政治观、世界观、人生观、价值观、道德观、法制观。

(2) 文化素质：具有必要的人文社会科学知识，具有必要的科学文化基本知识，具有相关工程建设、经济法规等知识。

(3) 身体素质：身体健康、心理健康。

2. 知识要求

(1) 掌握计算机应用的基本知识；

(2) 掌握给水排水工程施工图纸的识读与绘制的基本知识；

(3) 掌握给水排水工程设计的基本知识；

(4) 掌握水处理设施运行管理和维护的基本知识；

(5) 掌握给水排水工程施工的基本知识；

(6) 掌握给水排水工程造价的基本知识；

(7) 掌握工程建设法规的基本知识。

3. 能力要求

(1) 具有给水排水工程施工图识读和绘制的能力；

(2) 具有给水排水工程施工与施工管理的能力；

(3) 具有水处理设备运行管理与维护的能力；

(4) 具有给水排水工程设计的能力；

(5) 具有给水排水工程造价管理的能力；

(6) 具有熟练操作计算机的能力。

4. 职业态度

(1) 诚实守信，勇于担当；

(2) 踏实肯干，吃苦耐劳；

(3) 遵纪守则，团结合作；

（4）科学严谨，发展创新。

7 职业证书

毕业时，应获取安装工程施工员、造价员、资料员、质检员、安全员等不少于1个专业管理人员岗位证书。

8 教育内容及标准

8.1 专业教育内容体系框架

给排水工程技术专业职业岗位的能力与知识分析见表1。

给排水工程技术专业职业岗位的能力与知识分析表 **表1**

职业岗位	职业核心能力	主要知识领域
建筑安装企业 给水排水工程施工员	1. 给水排水工程施工图识读能力 2. 给水排水工程施工技术应用能力 3. 编制施工组织设计能力 4. 施工现场质量、进度、成本、安全、资料管理能力 5. 绘制给水排水工程竣工图的能力 6. 沟通交流能力	1. 工程图绘制原理与识读方法 2. 给水排水管道工程基本原理和方法 3. 给水排水工程结构基本原理和方法 4. 给水排水工程施工技术与管理 5. 计算机应用技术 6. 人文社会科学知识
水处理企业 运行管理技术员	1. 水处理工程运行管理能力 2. 收集整理资料能力 3. 技术改造与技术创新能力 4. 沟通交流能力	1. 工程图绘制原理与识读方法 2. 给水排水管道工程基本原理和方法 3. 水处理方法和工艺流程 4. 计算机应用技术 5. 人文社会科学知识
建设工程设计企业 给水排水工程设计员	1. 给水排水工程施工图绘制能力 2. 城镇给水排水管道工程设计能力 3. 建筑给水排水工程设计能力 4. 给水排水工程设计软件应用能力 5. 沟通交流能力	1. 工程图绘制原理与识读方法 2. 给水排水管道工程基本原理和方法 3. 给水排水工程结构基本原理和方法 4. 给水排水工程施工技术和方法 5. 计算机应用技术 6. 人文社会科学知识
建筑安装企业 给水排水工程造价员	1. 给水排水工程施工图识读能力 2. 编制工程量清单能力 3. 编制招标控制价、投标价能力 4. 编写投标文件能力 5. 沟通交流能力	1. 工程图绘制原理与识读方法 2. 给水排水管道工程基本原理和方法 3. 给水排水工程施工技术与管理 4. 给水排水工程计量与计价原理和方法 5. 计算机应用技术 6. 人文社会科学知识

给排水工程技术专业教育内容体系见表2。

给排水工程技术专业教育内容体系 **表2**

<table>
<tr><td rowspan="31">专业教育内容体系</td><td rowspan="20">普通教育内容</td><td rowspan="3">思想教育</td><td>思想道德修养与法律基础</td></tr>
<tr><td>毛泽东思想和中国特色社会主义理论体系</td></tr>
<tr><td>形势与政策</td></tr>
<tr><td>自然科学</td><td>高等数学</td></tr>
<tr><td rowspan="8">人文社会科学</td><td>应用文写作</td></tr>
<tr><td>国防教育</td></tr>
<tr><td>职业规划与就业指导</td></tr>
<tr><td>心理健康教育</td></tr>
<tr><td>社交礼仪</td></tr>
<tr><td>公共关系学</td></tr>
<tr><td>艺术欣赏</td></tr>
<tr><td>现代文学欣赏</td></tr>
<tr><td>外语</td><td>英语</td></tr>
<tr><td>计算机信息技术</td><td>计算机应用基础</td></tr>
<tr><td>体育</td><td>体育与健康</td></tr>
<tr><td rowspan="4">实践训练</td><td>军事训练</td></tr>
<tr><td>公益活动</td></tr>
<tr><td>社会调查活动</td></tr>
<tr><td>科技服务活动</td></tr>
<tr><td rowspan="13">专业教育内容</td><td rowspan="7">专业基础理论</td><td>工程图绘制原理与识读方法</td></tr>
<tr><td>给水排水管道工程基本原理和方法</td></tr>
<tr><td>水处理方法和工艺流程</td></tr>
<tr><td>给水排水工程结构基本原理和方法</td></tr>
<tr><td>给水排水工程施工技术与管理</td></tr>
<tr><td>给水排水工程计量与计价原理和方法</td></tr>
<tr><td>计算机应用技术</td></tr>
<tr><td rowspan="7">专业实践训练</td><td>给水排水施工图绘制与识读</td></tr>
<tr><td>给水排水管道工程设计</td></tr>
<tr><td>建筑给水排水工程设计</td></tr>
<tr><td>水处理工程运行管理</td></tr>
<tr><td>给水排水工程施工</td></tr>
<tr><td>给水排水工程施工组织设计</td></tr>
<tr><td>给水排水工程量清单计价</td></tr>
</table>

续表

专业教育内容体系	拓展教育内容	拓展理论基础	工程监理知识
			建筑电气工程知识
			供热工程知识
			通风与空调工程知识
			市场营销
			专业英语
		拓展实践训练	建筑电气工程安装实训
			供热工程设计实训
			通风与空调工程设计实训

8.2 专业教学内容及标准

1. 专业知识、技能体系一览

（1）专业知识体系一览见表3。

给排水工程技术专业知识体系一览 **表3**

知识领域	知 识 单 元		知 识 点
1. 工程图绘制原理与识读方法	核心知识单元	（1）投影基本原理	1）三面投影 2）斜轴测投影 3）相交线 4）展开图
		（2）给水排水工程图	1）制图标准 2）制图工具绘图 3）计算机绘图 4）给水排水工程图识读
	选修知识单元	（1）建筑电气工程图	1）建筑电气工程图绘制 2）建筑电气工程图识读
		（2）供热、通风与空调工程图	1）供热、通风与空调工程图绘制 2）供热、通风与空调工程图识读
2. 给水排水管道工程基本原理和方法	核心知识单元	（1）水静力学	1）静水压强及其特征 2）静水压强基本方程式 3）压强的测量 4）静水总压力
		（2）水动力学	1）液体运动的基本概念 2）恒定流连续方程 3）恒定流能量方程 4）恒定流动量方程

续表

知识领域	知 识 单 元		知 识 点
2. 给水排水管道工程基本原理和方法	核心知识单元	（3）流动阻力与水头损失	1）层流与紊流 2）均匀流基本方程 3）沿程水头损失 4）局部水头损失
		（4）有压流与明渠流	1）孔口与管嘴出流 2）短管流 3）长管流 4）明渠均匀流
		（5）水泵	1）水泵分类 2）离心泵的构造与工作原理 3）离心泵的特性与选择 4）水泵串联、并联工作
		（6）水泵站	1）地下水取水泵站 2）地表水取水泵站 3）污水提升泵站 4）水泵站运行管理
		（7）城镇给水管道工程	1）给水管道系统组成 2）给水管道设计流量计算 3）给水管道水力计算
		（8）城镇排水管道工程	1）排水管道系统组成 2）排水管道设计流量计算 3）排水管道水力计算
		（9）建筑给水管道工程	1）给水系统选择 2）给水系统组成 3）给水管道布置与敷设 4）给水管道设计流量计算 5）给水管道水力计算
		（10）建筑排水管道工程	1）排水系统选择 2）排水系统组成 3）排水管道布置与敷设 4）排水管道水力计算
		（11）室内消火栓系统管道工程	1）消火栓系统组成 2）消火栓管道布置与敷设 3）消火栓管道水力计算
		（12）室内热水管道工程	1）热水供应系统的分类 2）热水供应系统的组成 3）热水管道布置与敷设 4）热水用量及需热量计算 5）热水管道水力计算

知识领域	知识单元		知识点
2. 给水排水管道工程基本原理和方法	选修知识单元	（1）堰流和渗流	1）堰流 2）渗流 3）井与井群
		（2）其他类型水泵	1）射流泵 2）往复泵 3）螺旋泵
		（3）自动喷水灭火系统管道工程	1）自动喷水灭火系统设置场所 2）自动喷水灭火系统选型 3）自动喷水灭火系统组成 4）喷头与管道布置 5）自动喷水灭火系统管道水力计算
		（4）城镇给水排水管道工程的维护与管理	1）给水管道工程的维护与管理 2）排水管道工程的维护与管理
3. 水处理方法和工艺流程	核心知识单元	（1）水质检验基本知识	1）水质的化学法检测基础知识 2）水质的分析仪器法检测基础知识 3）水质的微生物法检测基础知识
		（2）水处理基本方法	1）预处理 2）凝聚与絮凝 3）沉淀与气浮 4）过滤 5）消毒 6）生物处理 7）污泥处置
		（3）城镇给水处理	1）给水处理工艺流程 2）给水处理构筑物和设备 3）给水处理构筑物设计运行参数 4）给水处理的构筑物选型及设备选择
		（4）城镇污水处理	1）污水处理工艺流程 2）污水处理构筑物和设备 3）污水处理构筑物设计运行参数 4）污水处理的构筑物选型及设备选择
		（5）水处理工程的运行管理	1）水处理企业管理基本知识 2）水处理运行技术管理 3）水处理构筑物与设备的维护和维修

续表

知识领域	知 识 单 元		知 识 点
3. 水处理方法和工艺流程	选修知识单元	（1）水质大型分析仪器检验	1）原子吸收分光光度法 2）气相色谱法 3）离子色谱法
		（2）其他水质处理	1）地下水除铁除锰 2）水的软化处理 3）活性炭吸附处理
		（3）电工基本知识与水处理企业常用电气设备	1）电路的欧姆定律 2）基尔霍夫定律 3）单相交流电 4）三相交流电的分析与计算 5）变压器 6）三相异步电动机 7）低压电器及基本控制电路 8）电力负荷的计算 9）配电导线、开关
4. 给水排水工程结构基本原理和方法	核心知识单元	（1）静力学基础	1）荷载 2）结构构件的简化 3）受力分析 4）力、力矩和力偶矩 5）平面汇交力系的平衡方程
		（2）静定结构内力	1）轴心拉（压）构件的内力 2）受弯
		（3）土的物理性质及工程分类	1）土的结构和构造 2）土的物理特性和压实性 3）土的工程分类
		（4）土的压缩和地基沉降	1）土中应力 2）土的压缩性 3）地基沉降量计算
		（5）浅基础及边坡稳定性	1）地基的破坏形式 2）地基承载力计算 3）浅基础设计 4）土压力计算 5）边坡的稳定性分析
		（6）钢筋混凝土力学性能	1）钢筋 2）混凝土 3）钢筋与混凝土的共同工作
		（7）钢筋混凝土受弯构件承载力计算及正常使用阶段验算	1）矩形受弯构件正截面承载力计算 2）T形受弯构件正截面承载力计算 3）受弯构件斜截面承载力计算 4）裂缝宽度与挠度验算

续表

知识领域	知识单元		知识点
4. 给水排水工程结构基本原理和方法	核心知识单元	(8) 钢筋混凝土受压、受拉构件	1) 轴心受压构件 2) 偏心受压构件 3) 轴心受拉构件 4) 偏心受拉构件
		(9) 钢筋混凝土水池设计	1) 水池类型 2) 水池荷载与内力计算 3) 水池稳定性验算 4) 双向板计算 5) 钢筋混凝土圆形水池设计 6) 钢筋混凝土矩形水池设计
		(10) 砌体结构	1) 砌块材料 2) 砂浆 3) 砌体构件的承载力
	选修知识单元	钢筋混凝土梁板结构设计	1) 单向板肋形梁板结构 2) 双向板肋形梁板结构 3) 无梁板结构
5. 给水排水工程施工技术与管理	核心知识单元	(1) 常规仪器施工测量	1) 水准仪和高程测量 2) 经纬仪和角度测量 3) 距离测量 4) 平面、高程控制测量 5) 地形图测绘与应用 6) 施工测量放线
		(2) 土石方工程	1) 土石方开挖 2) 土的加固 3) 施工排水与降低地下水位
		(3) 城镇给水排水管道施工	1) 开挖沟槽 2) 敷设管道 3) 回填沟槽 4) 附属构筑物施工 5) 施工质量验收与评定
		(4) 建筑给水排水管道安装	1) 给水排水管道下料加工 2) 给水排水管道连接与固定 3) 安装质量检验与评定
		(5) 建筑给水排水设备安装	1) 阀门安装 2) 卫生器具安装 3) 消防器材安装 4) 安装质量检验与评定

续表

知识领域	知 识 单 元		知 识 点
5. 给水排水工程施工技术与管理	核心知识单元	(6) 给水排水工程施工组织	1) 流水施工 2) 网络计划 3) 施工进度计划 4) 单位工程施工组织设计
		(7) 给水排水工程施工管理	1) 施工现场管理 2) 施工技术管理 3) 资源管理 4) 安全生产管理 5) 文件资料管理
	选修知识单元	(1) 全站仪施工测量	1) 角度测量 2) 距离测量 3) 坐标测量 4) 数据处理 5) 施工测量放线
		(2) 给水排水构筑物施工	1) 钢筋混凝土施工 2) 砖石砌体施工 3) 施工质量检验与评定
6. 给水排水工程计量与计价原理和方法	核心知识单元	(1) 工程建设与建设工程费用	1) 工程建设程序 2) 建设工程费用组成
		(2) 给水排水工程定额	1) 给水排水工程消耗量定额 2) 给水排水工程费用定额
		(3) 给水排水工程造价	1) 给水排水工程量清单编制 2) 给水排水工程量清单计价
		(4) 工程招标投标基本知识	1) 招标条件与招标公告 2) 招标文件 3) 投标文件 4) 开标与评标 5) 中标与合同签订
	选修知识单元	(1) 建筑电气工程造价	1) 建筑电气工程量清单编制 2) 建筑电气工程量清单计价
		(2) 供热、通风空调工程造价	1) 供热、通风空调工程量清单编制 2) 供热、通风空调工程量清单计价

续表

知识领域	知 识 单 元		知 识 点
7. 计算机应用技术	核心知识单元	（1）计算机辅助设计软件	1）绘图基本设置 2）工程图绘制与标注 3）工程图编辑修改 4）工程图打印
		（2）工程计价软件	1）建立工程档案 2）工程量清单输入 3）设定工程取费费率 4）工程量清单计价 5）计价文件打印
		（3）施工组织设计软件	1）施工平面图制作 2）施工网络图制作 3）成果打印
	选修知识单元	工程资料管理软件	1）建筑工程资料管理 2）工程质量验收资料管理 3）安全资料管理

（2）专业技能体系一览见表4。

给排水工程技术专业技能体系一览 **表4**

技能领域	技 能 单 元		技 能 点
1. 工程图绘制与识读	核心技能单元	给水排水工程图绘制与识读	1）建筑给水排水工程图绘制与识读 2）城镇给水排水管道工程图绘制与识读 3）给水、污水处理工程图绘制与识读
	选修技能单元	（1）建筑电气工程图绘制与识读	1）建筑电气工程图的绘制 2）建筑电气工程图的识读
		（2）供热、通风与空调工程图绘制与识读	1）供热、通风与空调工程图的绘制 2）供热、通风与空调工程图的识读
2. 给水排水管道工程设计	核心技能单元	（1）城镇给水管道工程设计	1）给水管道布置与优化 2）给水管道设计流量计算 3）给水管道水力计算 4）绘制给水管道施工图
		（2）城镇污水管道工程设计	1）污水管道布置与优化 2）污水管道设计流量计算 3）污水管道水力计算 4）绘制污水管道施工图
	选修技能单元	城镇雨水管道工程设计	1）雨水管道布置与优化 2）雨水管道设计流量计算 3）雨水管道水力计算 4）绘制雨水管道施工图

续表

技能领域	技能单元		技能点
3. 建筑给水排水工程设计	核心技能单元	(1) 建筑给水系统设计	1) 选定供水方式 2) 给水管道布置 3) 给水管道设计流量计算 4) 给水管道水力计算 5) 绘制给水系统施工图
		(2) 建筑排水系统设计	1) 排水管道布置 2) 排水管道设计流量计算 3) 排水管道水力计算 4) 绘制排水系统施工图
		(3) 室内消火栓系统设计	1) 选定供水方式 2) 消火栓及管道布置 3) 消火栓管道设计流量计算 4) 消火栓管道水力计算 5) 绘制消火栓系统施工图
	选修技能单元	(1) 自动喷水灭火系统设计	1) 喷头及喷淋管道布置 2) 喷淋管道设计流量计算 3) 喷淋管道水力计算 4) 绘制喷淋系统施工图
		(2) 建筑热水系统设计	1) 热水管道布置 2) 热水管道设计流量计算 3) 热水管道水力计算 4) 绘制热水系统施工图
4. 水处理工程运行管理	核心技能单元	(1) 水质检验	1) 水质检验准备工作 2) 取样与水质分析 3) 编制水质检验报告
		(2) 城镇水处理厂(站)运行与管理	1) 水处理厂(站)水质监测 2) 水处理厂(站)运行管理 3) 分析和解决运行中问题
	选修技能单元	工业水处理运行与管理	1) 工业水处理水质监测 2) 工业水处理系统运行管理 3) 分析和解决运行中问题

续表

<table>
<tr><th>技能领域</th><th colspan="2">技 能 单 元</th><th>技 能 点</th></tr>
<tr><td rowspan="4">5. 给水排水工程施工</td><td rowspan="3">核心技能单元</td><td>(1) 工程测量</td><td>1) 经纬仪、水准仪的使用
2) 角度测量、高程测量
3) 施工测量放样</td></tr>
<tr><td>(2) 建筑给水排水管道安装</td><td>1) 给水排水管的下料、切断与连接
2) 给水排水管道附件的安装
3) 给水排水管道压力与渗漏试验
4) 安装质量检验与评定</td></tr>
<tr><td>(3) 消防设备安装</td><td>1) 消火栓安装
2) 消防水泵接合器安装
3) 报警阀安装
4) 水流指示器、喷头安装
5) 安装质量检验与评定</td></tr>
<tr><td>选修技能单元</td><td>城镇给水排水管道安装</td><td>1) 开挖沟槽
2) 下管和稳管施工
3) 管道接口施工
4) 管道压力与渗漏试验
5) 质量检验与评定</td></tr>
<tr><td rowspan="3">6. 给水排水工程施工组织与管理</td><td rowspan="2">核心技能单元</td><td>(1) 给水排水工程施工组织</td><td>1) 选定施工方案
2) 编制施工进度计划
3) 编制资源需用计划
4) 绘制施工平面布置图</td></tr>
<tr><td>(2) 给水排水工程施工管理</td><td>1) 编制技术交底文件
2) 制订质量控制措施
3) 制订安全管理制度</td></tr>
<tr><td>选修技能单元</td><td>给水排水工程施工组织与管理</td><td>1) 编制物资供应计划
2) 降低施工成本措施</td></tr>
<tr><td rowspan="3">7. 工程造价文件编制</td><td>核心技能单元</td><td>给水排水工程造价</td><td>1) 编制给水排水工程量清单
2) 编制给水排水工程量清单计价文件</td></tr>
<tr><td rowspan="2">选修技能单元</td><td>(1) 建筑电气工程量清单计价</td><td>1) 编制建筑电气工程量清单
2) 编制建筑电气工程量清单计价文件</td></tr>
<tr><td>(2) 供热、通风与空调工程量清单计价</td><td>1) 编制供热、通风与空调工程量清单
2) 编制供热、通风与空调工程量清单计价文件</td></tr>
<tr><td>8. 顶岗实习</td><td>核心技能单元</td><td>(1) 建筑安装企业给水排水工程施工实习</td><td>1) 施工图会审
2) 编制施工方案
3) 施工现场管理
4) 分析和解决施工中技术问题
5) 工作沟通与协调</td></tr>
</table>

续表

技能领域	技能单元		技能点
8. 顶岗实习	核心技能单元	（2）建筑安装企业给水排水工程造价编制实习	1）编制投标报价 2）编制工程进度结算 3）编制竣工结算 4）工作沟通与协调
		（3）水处理企业运行管理实习	1）水质检测 2）运行参数控制 3）设施与设备维护和维修 4）分析和解决运行中技术问题 5）工作沟通与协调
		（4）工程设计单位给水排水工程设计实习	1）收集设计资料 2）优化设计方案 3）设计计算 4）绘制施工图 5）工作沟通与协调

2. 核心知识单元、技能单元教学要求

（1）核心知识单元教学要求见表5～表47。

投影基本原理知识单元教学要求 **表5**

单元名称	投影基本原理	最低学时	18学时
教学目标	1. 掌握点、线、面的三面投影原理和画法； 2. 掌握斜轴测投影原理和画法； 3. 熟悉平面与曲面、曲面与曲面相贯线的画法； 4. 掌握常用管件展开图的画法		
教学内容	1. 三面投影 点、线、面三面投影、三面投影画法。 2. 斜轴测投影 斜等轴测投影、斜等轴测投影画法。 3. 相贯线 平面与曲面相交线、曲面与曲面相贯线。 4. 展开图 大小头展开图、偏心大小头展开图、三通展开图、斜三通展开图		
教学方法建议	1. 投影原理和相贯线部分借助于教具或采用多媒体课件讲授； 2. 展开图制作采用“教学做”一体的教学方法		
考核评价要求	1. 考评依据：课堂提问、作业成绩和测试成绩； 2. 考评标准：知识的掌握程度、成果的完成质量		

给水排水工程图知识单元教学要求 表6

单元名称	给水排水工程图	最低学时	30学时
教学目标	1. 熟悉工程制图标准； 2. 掌握制图工具的绘图方法； 3. 掌握计算机绘图方法； 4. 掌握给水排水工程图识读方法		
教学内容	1. 制图标准 图幅、线型、图例、标注。 2. 制图工具绘图 常用制图工具、制图工具绘图方法。 3. 计算机绘图 基本设置、图形绘制、图形标注、图形编辑。 4. 给水排水工程图识读 给水排水工程施工图组成、施工图识读方法		
教学方法建议	1. 工程制图标准理论部分借助于教具或采用多媒体课件讲授； 2. 工程图的绘制和识读部分采用“教学做”一体的教学方法		
考核评价要求	1. 考评依据：课堂提问、作业成绩和测试成绩； 2. 考评标准：知识的掌握程度、绘图的完成质量、识图的熟练程度		

水静力学知识单元教学要求 表7

单元名称	水静力学	最低学时	2学时
教学目标	1. 掌握静水压强及其特征； 2. 掌握静水压强基本方程式； 3. 掌握压强的测量； 4. 掌握静水总压力计算		
教学内容	1. 静水压强及其特征 静水压强的定义、静水压强的特征。 2. 静水压强基本方程式 静水压强基本方程式、静水压强基本方程式的意义。 3. 压强的测量 压强的计量基准、计量单位、液柱式测压计。 4. 静水总压力 作用在平面上的静水总压力、作用在曲面上的静水总压力		
教学方法建议	借助于教具、实验装置或采用多媒体课件讲授		
考核评价要求	1. 考评依据：课堂提问、作业成绩和测试成绩； 2. 考评标准：知识的掌握程度、总压力计算的完成质量		

水动力学知识单元教学要求 表8

单元名称	水动力学	最低学时	4学时
教学目标	1. 掌握液体运动的基本概念； 2. 掌握恒定流连续方程应用； 3. 掌握恒定流能量方程应用； 4. 熟悉恒定流动量方程应用		
教学内容	1. 液体运动的基本概念 迹线与流线、流管、过流断面、元流和总流、流量和断面平均流速、恒定流与非恒定流、均匀流与非均匀流。 2. 恒定流连续方程 恒定流连续方程、恒定流连续方程应用。 3. 恒定流能量方程 恒定流能量方程、恒定流能量方程应用。 4. 恒定流动量方程 恒定流动量方程、恒定流动量方程应用		
教学方法建议	借助于教具、实验装置或采用多媒体课件讲授		
考核评价要求	1. 考评依据：课堂提问、作业成绩和测试成绩； 2. 考评标准：理论的掌握程度、成果的完成质量		

流动阻力与水头损失知识单元教学要求 表9

单元名称	流动阻力与水头损失	最低学时	6学时
教学目标	1. 熟悉层流与紊流； 2. 掌握均匀流基本方程的应用； 3. 掌握沿程水头损失计算； 4. 掌握局部水头损失计算		
教学内容	1. 层流与紊流 层流与紊流的特征、层流与紊流的辨别。 2. 均匀流基本方程 均匀流方程、圆管过流断面上切应力的分布。 3. 沿程水头损失 沿程阻力系数、沿程水头损失。 4. 局部水头损失 局部阻力系数、局部水头损失		
教学方法建议	借助于教具、实验装置或采用多媒体课件讲授		
考核评价要求	1. 考评依据：课堂提问、作业成绩和测试成绩； 2. 考评标准：理论的理解和掌握程度、水头损失计算的完成质量		

有压流与明渠流知识单元教学要求 **表 10**

单元名称	有压流与明渠流	最低学时	4 学时
教学目标	1. 熟悉孔口与管嘴出流计算； 2. 熟悉短管流水力计算； 3. 掌握长管流水力计算； 4. 掌握明渠均匀流水力计算		
教学内容	1. 孔口与管嘴出流 薄壁孔口的恒定出流、管嘴的恒定出流。 2. 短管流 自由出流、淹没出流、短管水力计算。 3. 长管流 简单管路、串联管路、并联管路、沿程均匀泄流管路。 4. 明渠均匀流 明渠均匀流的形成条件和水力特征、明渠水力最优断面和允许流速、明渠均匀流的水力计算		
教学方法建议	借助于教具、实验装置或采用多媒体课件讲授		
考核评价要求	1. 考评依据：课堂提问、作业成绩和测试成绩； 2. 考评标准：知识的掌握程度、水力计算的完成质量		

水泵知识单元教学要求 **表 11**

单元名称	水泵	最低学时	6 学时
教学目标	1. 了解水泵分类； 2. 熟悉离心泵的构造与工作原理； 3. 掌握离心泵的特性与选择； 4. 掌握水泵串联、并联工作特点		
教学内容	1. 水泵分类 水泵的分类方法、常用水泵种类。 2. 离心泵的构造与工作原理 离心泵的构造、离心泵工作原理。 3. 离心泵的特性与选择 离心泵的性能参数、离心泵的选择。 4. 水泵串联、并联工作 水泵串联工况、水泵并联工况		
教学方法建议	1. 借助于教具或采用多媒体课件讲授； 2. 采用现场教学法组织教学		
考核评价要求	1. 考评依据：课堂提问、作业成绩和测试成绩； 2. 考评标准：理论的掌握程度、水泵选择的合理程度		

水泵站知识单元教学要求 **表 12**

单元名称	水泵站	最低学时	8 学时
教学目标	1. 熟悉地下水取水泵站； 2. 掌握地表水取水泵站； 3. 熟悉污水提升泵站； 4. 熟悉水泵站运行管理		

续表

单元名称	水泵站	最低学时	8 学时
教学内容	1. 地下水取水泵站 泵站分类、泵站附属设备、泵站工艺设计。 2. 地表水取水泵站 泵站分类、泵站附属设备、泵站工艺设计。 3. 污水提升泵站 泵站分类、泵站附属设备、泵站工艺设计。 4. 水泵站运行管理 节能降耗措施、水泵站操作规程、水泵机组的维护与维修		
教学方法建议	1. 理论部分借助于教具或采用多媒体课件讲授； 2. 技能部分采用现场教学法组织教学		
考核评价要求	1. 考评依据：课堂提问、作业成绩和测试成绩； 2. 考评标准：知识的掌握程度、工艺设计的完成质量		

城镇给水管道工程知识单元教学要求 **表 13**

单元名称	城镇给水管道工程	最低学时	12 学时
教学目标	1. 熟悉给水管道系统组成； 2. 掌握给水管道设计流量计算； 3. 掌握给水管道水力计算		
教学内容	1. 给水管道系统组成 给水管道的布置形式、给水管材及连接方式、给水附件。 2. 给水管道设计流量计算 用水量定额、用水量计算、设计流量计算。 3. 给水管道水力计算 枝状管网水力计算、环状管网水力计算		
教学方法建议	1. 理论部分采用多媒体课件讲授； 2. 技能部分采用案例教学法和现场教学法组织教学		
考核评价要求	1. 考评依据：课堂提问、作业成绩和测试成绩； 2. 考评标准：知识的掌握程度、设计计算能力的掌握程度		

城镇排水管道工程知识单元教学要求 **表 14**

单元名称	城镇排水管道工程	最低学时	12 学时
教学目标	1. 熟悉排水管道系统组成； 2. 掌握排水管道设计流量计算； 3. 掌握排水管道水力计算		
教学内容	1. 排水管道系统组成 排水体制、排水管材及连接方式、附属构筑物。 2. 排水管道设计流量计算 污水管道设计流量计算、雨水管道设计流量计算。 3. 排水管道水力计算 污水管道水力计算、雨水管道水力计算		

续表

单元名称	城镇排水管道工程	最低学时	12 学时
教学方法建议	1. 理论部分采用多媒体课件讲授； 2. 技能部分采用案例教学法和现场教学法组织教学		
考核评价要求	1. 考评依据：课堂提问、作业成绩和测试成绩； 2. 考评标准：知识的掌握程度、设计计算能力的掌握程度		

建筑给水管道工程知识单元教学要求 **表 15**

单元名称	建筑给水管道工程	最低学时	10 学时
教学目标	1. 掌握给水系统选择方法； 2. 熟悉给水系统组成； 3. 掌握给水管道布置与敷设要求； 4. 掌握给水管道设计流量计算方法； 5. 掌握给水管道水力计算方法		
教学内容	1. 给水系统选择 给水方式、系统选择。 2. 给水系统组成 给水管材及连接、给水附件、水池与水箱。 3. 给水管道布置与敷设 管道的布置、管道的敷设。 4. 给水管道设计流量 给水当量、给水管道设计流量计算。 5. 给水管道水力计算 设计流速、给水管道水力计算		
教学方法建议	1. 理论部分采用多媒体课件讲授； 2. 技能部分采用案例教学法和现场教学法组织教学		
考核评价要求	1. 考评依据：课堂提问、作业成绩和测试成绩； 2. 考评标准：知识的掌握程度、设计计算能力的掌握程度		

建筑排水管道工程知识单元教学要求 **表 16**

单元名称	建筑排水管道工程	最低学时	8 学时
教学目标	1. 掌握排水系统选择方法； 2. 熟悉排水系统组成； 3. 掌握排水管道布置与敷设； 4. 掌握排水管道水力计算方法		
教学内容	1. 排水系统选择 排水方式、污水系统选择、雨水系统选择。 2. 排水系统组成 污水管材及连接、卫生器具、污水管道附件；雨水管材及连接、雨水管道附件。 3. 排水管道布置与敷设 污水管道的布置与敷设、雨水管道的布置与敷设。 4. 排水管道水力计算 污水设计流量、污水管道水力计算；雨水设计流量、雨水管道水力计算		

续表

单元名称	建筑排水管道工程	最低学时	8学时
教学方法建议	1. 理论部分采用多媒体课件讲授； 2. 技能部分采用案例教学法和现场教学法组织教学		
考核评价要求	1. 考评依据：课堂提问、作业成绩和测试成绩； 2. 考评标准：知识的掌握程度、设计计算能力的掌握程度		

室内消火栓管道工程知识单元教学要求 **表17**

单元名称	室内消火栓管道工程	最低学时	8学时
教学目标	1. 熟悉消火栓系统组成； 2. 掌握消火栓管道布置与敷设要求； 3. 掌握消火栓管道水力计算方法		
教学内容	1. 消火栓系统组成 消火栓系统管材及连接、消火栓、消防水泵接合器、消防水池与水箱。 2. 消火栓管道布置与敷设 消火栓的布置、消火栓管道布置、消火栓管道敷设。 3. 消火栓管道水力计算 消火栓用水量、消火栓管道设计流量、消火栓管道水力计算		
教学方法建议	1. 理论部分采用多媒体课件讲授； 2. 技能部分采用案例教学法和现场教学法组织教学		
考核评价要求	1. 考评依据：课堂提问、作业成绩和测试成绩； 2. 考评标准：知识的掌握程度、设计计算能力的掌握程度		

室内热水管道工程知识单元教学要求 **表18**

单元名称	室内热水管道工程	最低学时	6学时
教学目标	1. 熟悉热水管道系统组成； 2. 了解热水用量及需热量计算； 3. 热水供应管道布置与敷设； 4. 了解热水管道设计流量计算； 5. 了解热水管道水力计算		
教学内容	1. 热水供应系统的分类 分散式热水供应系统、集中式热水供应系统。 2. 热水供应系统组成 热水管道、循环管道、热水制备与热水贮存设备。 3. 热水管道布置与敷设 热水管道布置与敷设、循环管道布置与敷设。 4. 热水用量及需热量计算 热水用量定额、热水量计算、需热量计算。 5. 热水管道水力计算 热水管道水力计算、循环管道的设计		

续表

单元名称	室内热水管道工程	最低学时	6 学时
教学方法建议	1. 理论部分采用多媒体课件讲授； 2. 技能部分采用任务引领法组织教学		
考核评价要求	1. 考评依据：课堂提问、作业成绩和测试成绩； 2. 考评标准：知识的掌握程度、设计计算能力的掌握程度		

水质检验基本知识知识单元教学要求 **表 19**

单元名称	水质检验基本知识	最低学时	12 学时
教学目标	1. 熟悉水质的化学法检测基础知识； 2. 熟悉水质的分析仪器法检测基础知识； 3. 熟悉水质的微生物法检测基础知识		
教学内容	1. 水质的化学法检测基础知识 水质指标与水质标准、水样的采集与保管、酸碱滴定法、沉淀滴定法、络合滴定法、氧化还原滴定法。 2. 水质的分析仪器法检测基础知识 吸收光谱法、色谱法、原子光谱法。 3. 水质的微生物法检测基础知识 水微生物的种类、水样中微生物的检测		
教学方法建议	1. 采用多媒体课件讲授； 2. 采用案例教学法组织教学		
考核评价要求	1. 考评依据：课堂提问、作业成绩和测试成绩； 2. 考评标准：知识的掌握程度		

水处理基本方法知识单元教学要求 **表 20**

单元名称	水处理基本方法	最低学时	32 学时
教学目标	1. 熟悉水的预处理方法； 2. 掌握凝聚与絮凝基本原理； 3. 掌握沉淀与气浮基本原理； 4. 掌握过滤基本原理； 5. 熟悉消毒基本原理； 6. 掌握生物处理方法； 7. 熟悉污泥处置方式		
教学内容	1. 预处理 隔栅、筛网、预沉、调节。 2. 凝聚与絮凝 絮凝与凝聚原理、絮凝剂。 3. 沉淀与气浮 沉淀基本原理、气浮基本原理。 4. 过滤 过滤基本原理、过滤材料。 5. 消毒 消毒基本原理、消毒剂。 6. 生物处理 好氧生物处理、厌氧生物处理。 7. 污泥处理 污泥浓缩、污泥消化、污泥脱水、污泥利用		

续表

单元名称	水处理基本方法	最低学时	32学时
教学方法建议	采用模型、实验装置或多媒体课件讲授		
考核评价要求	1. 考评依据：课堂提问、作业成绩和测试成绩； 2. 考评标准：知识的掌握程度		

城镇给水处理知识单元教学要求 表21

单元名称	城镇给水处理	最低学时	18学时
教学目标	1. 掌握给水处理工艺流程； 2. 熟悉给水处理构筑物和设备； 3. 掌握给水处理构筑物设计运行参数； 4. 了解给水处理的构筑物选型及设备选择		
教学内容	1. 给水处理工艺流程 典型给水处理工艺流程、给水处理厂平面布置图、给水处理厂高程布置图。 2. 给水处理构筑物和设备 混凝池、沉淀池、澄清池、过滤池、清水池；混凝剂投加设备、消毒剂投加设备。 3. 给水处理构筑物设计运行参数 给水处理构筑物设计运行参数、给水处理构筑物运行异常的分析与处置。 4. 给水处理的构筑物选型及设备选择 设计流量的确定、构筑物的选型、设备的选择		
教学方法建议	1. 采用模型、实验装置或多媒体课件讲授； 2. 采用案例教学法、现场教学法组织教学		
考核评价要求	1. 考评依据：课堂提问、作业成绩和测试成绩； 2. 考评标准：知识的掌握程度、分析解决问题能力的掌握程度		

城镇污水处理知识单元教学要求 表22

单元名称	城镇污水处理	最低学时	18学时
教学目标	1. 掌握污水处理工艺流程； 2. 掌握污水处理构筑物和设备； 3. 掌握污水处理构筑物设计运行参数； 4. 了解污水处理的构筑物选型和设备选择		
教学内容	1. 污水处理工艺流程 典型污水处理工艺流程、污水处理厂平面布置图、污水处理厂高程布置图。 2. 污水处理构筑物和设备 格栅、沉砂池、沉淀池、生物处理设备、浓缩池、消化池、污泥脱水设备。 3. 污水处理构筑物设计运行参数 污水处理构筑物设计运行参数、污水处理构筑物运行异常的分析与处置。 4. 污水处理的构筑物选型及设备的选择 设计流量的确定、构筑物的选型、设备的选择		

续表

单元名称	城镇污水处理	最低学时	18学时
教学方法建议	1. 采用模型、实验装置或多媒体课件讲授； 2. 采用案例教学法、现场教学法组织教学		
考核评价要求	1. 考评依据：课堂提问、作业成绩和测试成绩； 2. 考评标准：知识的掌握程度、分析解决问题能力的掌握程度		

水处理工程的运行管理知识单元教学要求 **表23**

单元名称	水处理工程的运行管理	最低学时	4学时
教学目标	1. 了解水处理企业管理基本知识； 2. 熟悉水处理运行技术管理； 3. 熟悉水处理构筑物与设备的维护和维修		
教学内容	1. 水处理企业管理基本知识 企业管理机构、企业管理制度。 2. 水处理运行技术管理 水处理岗位职责、操作规程。 3. 水处理构筑物与设备的维护和维修 水处理构筑物的维护、水处理设备的维修		
教学方法建议	1. 采用多媒体课件讲授； 2. 采用案例教学法、现场教学法组织教学		
考核评价要求	1. 考评依据：课堂提问、作业成绩和测试成绩； 2. 考评标准：知识的掌握程度		

静力学基础知识单元教学要求 **表24**

单元名称	静力学基础	最低学时	8学时
教学目标	1. 熟悉荷载种类； 2. 熟悉结构构件的简化； 3. 掌握受力分析方法； 4. 掌握力、力矩和力偶矩计算； 5. 掌握平面汇交力系的平衡方程的应用		
教学内容	1. 荷载 荷载按作用性质分类、荷载按作用的范围分类、荷载计算。 2. 结构构件的简化 结构构件的简化、支座的简化、点的简化、荷载的简化。 3. 受力分析 约束与约束反力、受力图、受力分析方法、受力计算。 4. 力、力矩和力偶矩 力的投影计算、力矩计算、力偶矩计算。 5. 平面汇交力系的平衡方程 平面汇交力系的简化、平面汇交力系的平衡方程、平衡方程应用		
教学方法建议	1. 采用多媒体课件讲授； 2. 采用案例教学法组织教学		
考核评价要求	1. 考评依据：课堂提问、作业成绩和测试成绩； 2. 考评标准：知识的掌握程度、计算能力的掌握程度		

静定结构内力知识单元教学要求　　表 25

单元名称	静定结构内力	最低学时	6 学时
教学目标	1. 掌握轴心拉（压）构件的内力计算； 2. 掌握受弯构件的内力计算		
教学内容	1. 轴心拉（压）构件的内力 轴力、轴力平衡方程、轴力图。 2. 受弯构件的内力 剪力、剪力图、弯矩、弯矩图		
教学方法建议	1. 采用多媒体课件讲授； 2. 采用案例教学法组织教学		
考核评价要求	1. 考评依据：课堂提问、作业成绩和测试成绩； 2. 考评标准：知识的掌握程度、计算能力的掌握程度		

土的物理性质及工程分类知识单元教学要求　　表 26

单元名称	土的物理性质及工程分类	最低学时	4 学时
教学目标	1. 熟悉土的构造和结构； 2. 熟悉土的物理特性和压实性； 3. 掌握土的工程分类		
教学内容	1. 土的构造和结构 土的构造、土的结构。 2. 土的物理特性和压实性 土的物理特性、土的压实性。 3. 土的工程分类 岩石、碎石、砂土、粉土、黏性土、人工填土		
教学方法建议	采用多媒体课件讲授		
考核评价要求	1. 考评依据：课堂提问、作业成绩和测试成绩； 2. 考评标准：知识的掌握程度		

土的压缩和地基沉降知识单元教学要求　　表 27

单元名称	土的压缩和地基沉降	最低学时	8 学时
教学目标	1. 掌握土中应力的计算； 2. 熟悉土的压缩性； 3. 掌握地基沉降量计算		
教学内容	1. 土中应力 自重应力、附加应力。 2. 土的压缩性 土的固结及固结度、侧限压缩实验、土的压缩性原位实验。 3. 地基沉降量计算 基底压力及基底附加压力计算、分层总和法沉降量计算、规范法沉降量计算		
教学方法建议	1. 采用多媒体课件讲授； 2. 采用案例教学法组织教学		
考核评价要求	1. 考评依据：课堂提问、作业成绩和测试成绩； 2. 考评标准：知识的掌握程度、操作技能的掌握程度		

浅基础及边坡稳定性知识单元教学要求 **表 28**

单元名称	浅基础及边坡稳定性	最低学时	12 学时
教学目标	1. 熟悉地基的破坏形式； 2. 掌握地基承载力的确定； 3. 掌握浅基础设计方法； 4. 掌握土压力计算； 5. 熟悉边坡的稳定性分析		
教学内容	1. 地基的破坏形式 整体剪切破坏、局部剪切破坏、冲切破坏。 2. 地基承载力的确定 平板荷载实验确定地基承载力、理论公式确定地基承载力。 3. 浅基础设计 无筋扩展基础设计、扩展基础设计。 4. 土压力计算 静止土压力计算、主动土压力计算、被动土压力计算。 5. 边坡的稳定性分析 影响土坡稳定的因素、无黏性土坡稳定分析、黏性土坡稳定分析		
教学方法建议	1. 采用多媒体课件讲授； 2. 采用现场教学方法组织教学		
考核评价要求	1. 考评依据：课堂提问、作业成绩和测试成绩； 2. 考评标准：知识的掌握程度		

钢筋混凝土力学性能知识单元教学要求 **表 29**

单元名称	钢筋混凝土力学性能	最低学时	4 学时
教学目标	1. 掌握钢筋力学性能； 2. 掌握混凝土的力学性能； 3. 掌握钢筋与混凝土的共同工作特点		
教学内容	1. 钢筋 钢筋的种类、钢筋的力学性能指标、钢筋的选用、钢筋的计算指标。 2. 混凝土 混凝土的强度、混凝土的变形、混凝土的选用。 3. 钢筋与混凝土的共同工作 钢筋与混凝土的共同工作的条件、粘结力的产生及影响因素		
教学方法建议	采用教具或多媒体课件讲授		
考核评价要求	1. 考评依据：课堂提问、作业成绩和测试成绩； 2. 考评标准：知识的掌握程度		

钢筋混凝土受弯构件正截面承载力计算知识单元教学要求 表 30

单元名称	钢筋混凝土受弯构件正截面承载力计算	最低学时	12 学时
教学目标	1. 了解结构设计的基本原则； 2. 掌握矩形受弯构件正截面承载力计算； 3. 掌握 T 形受弯构件正截面承载力计算； 4. 熟悉裂缝宽度与挠度验算		
教学内容	1. 结构设计的基本原则 结构的功能与极限状态、极限状态的设计表达式。 2. 矩形受弯构件正截面承载力计算 正截面的破坏过程及破坏形式、正截面承载力计算的一般规定、单筋矩形截面承载力计算、双筋矩形截面承载力计算、梁板构造要求。 3. T 形受弯构件正截面承载力计算 第一类 T 形受弯构件正截面承载力计算、第二类 T 形受弯构件正截面承载力计算。 4. 受弯构件斜截面承载力计算 斜截面破坏形式、均布荷载作用下斜截面承载力计算、集中荷载作用下斜截面承载力计算。 5. 裂缝宽度与挠度验算 裂缝的平均间距、平均裂缝宽度计算、最大裂缝宽度计算；短期刚度与长期刚度计算、挠度计算		
教学方法建议	1. 理论部分采用多媒体课件讲授； 2. 技能部分采用案例教学法组织教学		
考核评价要求	1. 考评依据：课堂提问、作业成绩和测试成绩； 2. 考评标准：知识的掌握程度、计算能力的掌握程度		

钢筋混凝土受压、受拉构件知识单元教学要求 表 31

单元名称	钢筋混凝土受压、受拉构件	最低学时	8 学时
教学目标	1. 掌握钢筋混凝轴心受压构件计算； 2. 熟悉钢筋混凝偏心受压构件计算； 3. 掌握钢筋混凝轴心受拉构件计算； 4. 熟悉钢筋混凝偏心受拉构件计算		
教学内容	1. 轴心受压构件 轴心受压构件的破坏特征、轴心受压构件承载力计算。 2. 偏心受压构件 偏心受压构件的破坏特征、大偏心受压构件承载力计算、小偏心受压构件承载力计算、受压构件的构造要求。 3. 轴心受拉构件 轴心受拉构件承载力计算。 4. 偏心受拉构件 小偏心受拉构件承载力计算、大偏心受拉构件承载力计算		
教学方法建议	1. 理论部分采用多媒体课件讲授； 2. 技能部分采用案例教学法组织教学		
考核评价要求	1. 考评依据：课堂提问、作业成绩和测试成绩； 2. 考评标准：知识的掌握程度、计算能力的掌握程度		

钢筋混凝土水池设计知识单元教学要求 表 32

单元名称	钢筋混凝土水池设计	最低学时	12 学时
教学目标	1. 熟悉水池类型及选型； 2. 掌握水池荷载与内力计算； 3. 掌握水池稳定性验算； 4. 掌握双向板计算； 5. 熟悉钢筋混凝土圆形水池设计； 6. 掌握钢筋混凝土矩形水池设计		

续表

单元名称	钢筋混凝土水池设计	最低学时	12 学时
教学内容	1. 水池类型 矩形水池、圆形水池。 2. 水池荷载与内力计算 水池荷载、水池内力计算。 3. 水池稳定性验算 水池整体抗浮验算、地基承载能力验算。 4. 双向板计算 双向板跨中弯矩计算、双向板支座弯矩计算、双向板配筋计算。 5. 钢筋混凝土圆形水池设计 圆形顶盖设计计算及配筋、圆形底板设计计算及配筋、池壁设计计算及配筋。 6. 钢筋混凝土矩形水池设计 矩形顶盖板设计计算及配筋、矩形底板设计计算及配筋、池壁设计计算及配筋		
教学方法建议	1. 理论部分采用多媒体课件讲授； 2. 技能部分采用案例教学法组织教学		
考核评价要求	1. 考评依据：课堂提问、作业成绩和测试成绩； 2. 考评标准：知识的掌握程度、计算能力的掌握程度		

砌体结构知识单元教学要求 表 33

单元名称	砌体结构	最低学时	4 学时
教学目标	1. 熟悉砌块材料； 2. 熟悉砂浆； 3. 掌握砌体构件的承载力计算		
教学内容	1. 砌块材料 烧结普通砖、烧结多孔砖、混凝土小型空心砌块。 2. 砂浆 砂浆的组成材料、砂浆的性质、砂浆的配合比。 3. 砌体构件的承载力 受压构件的承载力计算、局部受压承载力计算、受弯构件承载力计算		
教学方法建议	1. 理论部分采用多媒体课件讲授； 2. 技能部分采用案例教学法组织教学		
考核评价要求	1. 考评依据：课堂提问、作业成绩和测试成绩； 2. 考评标准：知识的掌握程度、计算能力的掌握程度		

常规仪器施工测量知识单元教学要求 表 34

单元名称	常规仪器施工测量	最低学时	24 学时
教学目标	1 掌握水准仪的使用和高程测量； 2. 掌握经纬仪的使用和角度测量； 3. 熟悉钢尺和距离测量； 4. 熟悉平面、高程控制测量； 5. 熟悉地形图测绘与应用； 6. 掌握施工测量放线方法		

续表

单元名称	常规仪器施工测量	最低学时	24学时
教学内容	1. 水准仪和高程测量 水准仪的操作、高程测量方法。 2. 经纬仪和角度测量 经纬仪的操作、角度测量方法。 3. 距离测量 钢尺测距、仪器测距。 4. 平面、高程控制测量 平面坐标测量、高程测量。 5. 地形图测绘与应用 地形图测量、土方量计算。 6. 施工测量放线 管道测量放线、构筑物测量放线		
教学方法建议	1. 采用多媒体课件讲授； 2. 采用现场教学法组织教学		
考核评价要求	1. 考评依据：课堂提问、作业成绩和测试成绩； 2. 考评标准：知识的掌握程度、操作技能的掌握程度		

土石方工程知识单元教学要求 表35

单元名称	土石方工程	最低学时	6学时
教学目标	1. 掌握土石方开挖方法； 2. 了解土的加固方法； 3. 熟悉施工排水与降低地下水位方法		
教学内容	1. 土石方开挖 土的分类、土石方工程机械、土石方的爆破施工。 2. 土的加固 强夯、化学加固。 3. 施工排水与降低地下水位 施工排水、人工降低地下水位方法		
教学方法建议	1. 采用多媒体课件讲授； 2. 采用现场教学法组织教学		
考核评价要求	1. 考评依据：课堂提问、作业成绩和测试成绩； 2. 考评标准：知识的掌握程度、操作技能的掌握程度		

城镇给水排水管道施工知识单元教学要求 **表 36**

单元名称	城镇给水排水管道施工	最低学时	12 学时
教学目标	1. 掌握开挖沟槽方法； 2. 掌握敷设管道方法； 3. 掌握回填沟槽要求； 4. 熟悉附属构筑物施工； 5. 掌握施工质量验收与评定标准		
教学内容	1. 开挖沟槽 沟槽断面、沟槽开挖。 2. 敷设管道 管道基础施工、下管与稳管、接口施工。 3. 回填沟槽 回填土质、土的夯实、土的碾压。 4. 附属构筑物施工 阀门井施工、检查井施工、雨水口施工、跌水井施工。 5. 施工质量验收与评定 管道压力试验、管道渗漏试验、施工质量的标准与评定		
教学方法建议	1. 采用多媒体课件讲授； 2. 采用现场教学法组织教学		
考核评价要求	1. 考评依据：课堂提问、作业成绩和测试成绩； 2. 考评标准：知识的掌握程度、操作技能的掌握程度		

建筑给水排水管道安装知识单元教学要求 **表 37**

单元名称	建筑给水排水管道安装	最低学时	8 学时
教学目标	1. 掌握给水排水管道下料加工方法； 2. 掌握给水排水管道连接与固定方法； 3. 掌握安装质量检验与评定标准		
教学内容	1. 给水排水管道下料加工 管道的下料、切断、接口加工。 2. 给水排水管道连接与固定 管道连接方式、管道支吊架安装。 3. 安装质量检验与评定 管道压力试验、管道通水及渗漏试验、安装质量的标准与评定		
教学方法建议	1. 采用多媒体课件讲授； 2. 采用现场教学法组织教学		
考核评价要求	1. 考评依据：课堂提问、作业成绩和测试成绩； 2. 考评标准：知识的掌握程度、操作技能的掌握程度		

建筑给水排水设备安装知识单元教学要求　　表 38

单元名称	建筑给水排水设备安装	最低学时	8 学时
教学目标	1. 掌握阀门安装方法； 2. 掌握卫生器具安装方法； 3. 掌握消防器材安装方法； 4. 掌握安装质量检验与评定标准		
教学内容	1. 阀门安装 阀门的种类、阀门连接方式。 2. 卫生器具安装 卫生器具种类、卫生器具的安装。 3. 消防器材安装 消防器材分类、消防器材安装。 4. 安装质量检验与评定 安装质量标准、安装质量评定		
教学方法建议	1. 采用多媒体课件讲授； 2. 采用现场教学法组织教学		
考核评价要求	1. 考评依据：课堂提问、作业成绩和测试成绩； 2. 考评标准：知识的掌握程度、操作技能的掌握程度		

给水排水工程施工组织知识单元教学要求　　表 39

单元名称	给水排水工程施工组织	最低学时	12 学时
教学目标	1. 掌握流水施工原理； 2. 掌握网络计划的编制方法； 3. 掌握施工进度计划的控制与调整； 4. 掌握单位施工组织设计方法		
教学内容	1. 流水施工 顺序施工法、平行施工法、流水施工法。 2. 网络计划 单代号网络法、双代号网络法。 3. 施工进度计划 施工进度计划图表、施工进度计划的控制、施工进度计划的调整、施工进度计划的应用。 4. 单位工程施工组织设计 施工方案选择、施工进度计划安排、资源需求计划编制、施工总平面图布置		
教学方法建议	采用案例教学法组织教学		
考核评价要求	1. 考评依据：课堂提问、作业成绩和测试成绩； 2. 考评标准：知识的掌握程度		

给水排水工程施工管理知识单元教学要求 表 40

单元名称	给水排水工程施工管理	最低学时	8 学时
教学目标	1. 熟悉施工现场管理； 2. 掌握施工技术管理； 3. 熟悉资源管理； 4. 掌握安全生产管理； 5. 熟悉文件资料管理		
教学内容	1. 施工现场管理 施工责任制度、施工现场准备工作。 2. 施工技术管理 设计交底与图纸会审、作业技术交底、技术复核工作、隐蔽工程验收。 3. 资源管理 劳动力管理、材料管理、机械管理。 4. 安全生产管理 施工安全控制措施、安全检查与教育。 5. 文件资料管理 建设工程文件、给水排水工程施工文件		
教学方法建议	采用案例教学法组织教学		
考核评价要求	1. 考评依据：课堂提问、作业成绩和测试成绩； 2. 考评标准：知识的掌握程度		

工程建设与建设工程费用知识单元教学要求 表 41

单元名称	工程建设与建设工程费用	最低学时	4 学时
教学目标	1. 熟悉工程建设基本程序； 2. 掌握建设工程费用的组成		
教学内容	1. 工程建设程序 建设工程项目、工程建设基本程序。 2. 建设工程费用组成 直接费、间接费、利润、税金		
教学方法建议	采用案例教学法组织教学		
考核评价要求	1. 考评依据：课堂提问、作业成绩和测试成绩； 2. 考评标准：知识的掌握程度		

给水排水工程定额知识单元教学要求 表 42

单元名称	给水排水工程定额	最低学时	8 学时
教学目标	1. 掌握给水排水工程消耗量定额的应用； 2. 掌握给水排水工程费用定额的应用		
教学内容	1. 给水排水工程消耗量定额 安装工程消耗量定额、市政工程消耗量定额。 2. 给水排水工程费用定额 安装工程费用定额、市政工程费用定额		
教学方法建议	采用案例教学法组织教学		
考核评价要求	1. 考评依据：课堂提问、作业成绩和测试成绩； 2. 考评标准：知识的掌握程度		

给水排水工程造价知识单元教学要求 表 43

单元名称	给水排水工程造价	最低学时	12 学时
教学目标	1. 掌握给水排水安装工程量清单编制与计价方法； 2. 掌握市政给水排水工程量清单编制与计价方法		
教学内容	1. 给水排水安装工程量清单编制与计价 分部分项工程量清单编制与计价、措施项目清单编制与计价、其他项目清单编制与计价。 2. 市政给水排水工程量清单计价 分部分项工程量清单编制与计价、措施项目清单编制与计价、其他项目清单编制与计价		
教学方法建议	采用案例教学法组织教学		
考核评价要求	1. 考评依据：课堂提问、作业成绩和测试成绩； 2. 考评标准：知识的掌握程度		

工程招标投标基本知识知识单元教学要求 表 44

单元名称	工程招标投标基本知识	最低学时	10 学时
教学目标	1. 熟悉招标条件与招标公告； 2. 熟悉招标文件的编制； 3. 掌握投标文件的编制； 4. 熟悉开标程序和评标方法		
教学内容	1. 招标条件与招标公告 招标条件、招标公告内容。 2. 招标文件 招标文件内容、招标控制价。 3. 投标文件 投标文件的编制、投标报价的确定。 4. 开标与评标 开标程序、评标标准与方法。 5. 中标与合同签订 中标通知、合同谈判与签订		
教学方法建议	采用案例教学法组织教学		
考核评价要求	1. 考评依据：课堂提问、作业成绩和测试成绩； 2. 考评标准：知识的掌握程度		

计算机辅助设计软件知识单元教学要求 表 45

单元名称	计算机辅助设计软件	最低学时	24 学时
教学目标	1. 掌握绘图基本设置； 2. 掌握工程图绘制与标注； 3. 掌握工程图编辑修改； 4. 熟悉工程图打印		

续表

单元名称	计算机辅助设计软件	最低学时	24学时
教学内容	1. 绘图基本设置 图层设置、文字设置、标注设置。 2. 工程图绘制与标注 图形绘制、图形标注。 3. 工程图编辑 图形的修改、图形的编辑。 4. 工程图打印 打印机设置、出图比例设置		
教学方法建议	1. 采用多媒体课件讲授； 2. 采用“教学做”一体的教学方法		
考核评价要求	1. 考评依据：课堂提问、作业成绩和测试成绩； 2. 考评标准：知识的掌握程度、操作技能的掌握程度		

工程计价软件知识单元教学要求 **表46**

单元名称	工程计价软件	最低学时	6学时
教学目标	1. 掌握工程档案管理操作； 2. 掌握工程量清单输入方法； 3. 掌握设定工程取费费率方法； 4. 掌握工程量清单计价操作； 5. 熟悉计价文件打印设置		
教学内容	1. 工程档案管理 建立工程档案、复制工程档案、编辑工程档案、删除工程档案。 2. 工程量清单输入 分部分项工程量清单输入、措施项目清单输入、其他项目清单输入。 3. 设定工程取费费率 工程取费费率的设定。 4. 工程量清单计价 工程量清单计价操作。 5. 计价文件打印 打印机设置、打印文件选择		
教学方法建议	1. 理论部分采用多媒体课件讲授； 2. 技能部分采用“教学做”一体的教学方法		
考核评价要求	1. 考评依据：课堂提问、作业成绩和测试成绩； 2. 考评标准：知识的掌握程度、操作技能的掌握程度		

施工组织设计软件知识单元教学要求 表 47

单元名称	施工组织设计软件	最低学时	6 学时
教学目标	1. 掌握施工平面图的制作； 2. 掌握施工网络图的制作； 3. 掌握成果打印		
教学内容	1. 施工平面图的制作 施工平面图的制作、施工平面图的修改。 2. 施工网络图的制作 施工网络图的制作、施工网络图的修改。 3. 成果打印 打印机设置、打印文件选择		
教学方法建议	1. 理论部分采用多媒体课件讲授； 2. 技能部分采用“教学做”一体的教学方法		
考核评价要求	1. 考评依据：课堂提问、作业成绩和测试成绩； 2. 考评标准：知识的掌握程度、操作技能的掌握程度		

（2）核心技能单元教学要求表 48～表 61。

给水排水工程图绘制与识读技能单元教学要求 表 48

单元名称	给水排水工程图绘制与识读	最低学时	30 学时
教学目标	专业能力： 1. 具有手工绘图能力； 2. 具有计算机绘图能力； 3. 具有工程图识读能力。 方法能力： 1. 分析问题的能力； 2. 解决问题的能力。 社会能力： 1. 严谨的工作作风、实事求是的工作态度； 2. 团队合作的能力		
教学内容	1. 建筑给水排水工程图识读与绘制； 2. 城市给水排水管道工程图识读与绘制； 3. 给水、污水处理工程图识读与绘制		
教学方法建议	以实际工程图为载体，采用案例法、项目法教学		
教学场所要求	校内、工程图识读与绘制实训室（不小于 $70m^2$）		
考核评价要求	1. 考评依据：课堂提问、作业成绩和测试成绩； 2. 考评标准：知识的掌握程度、操作技能的掌握程度		

城镇给水管道工程设计技能单元教学要求 表 49

单元名称	城镇给水管道工程设计	最低学时	30 学时
教学目标	专业能力： 1. 具有城镇给水管道规划的能力； 2. 具有城镇给水设计计算的能力； 3. 具有绘制城镇给水管道工程施工图的能力。 方法能力： 1. 分析问题的能力； 2. 解决问题的能力。 社会能力： 1. 严谨的工作作风、实事求是的工作态度； 2. 团队合作的能力		
教学内容	1. 城镇给水管道布置； 2. 城镇给水管道水力计算； 3. 绘制城镇给水管道工程施工图		
教学方法建议	以实际项目为载体采用项目法、任务引领教学		
教学场所要求	校内		
考核评价要求	1. 考评依据：课堂提问、作业成绩和测试成绩； 2. 考评标准：知识的掌握程度、操作技能的掌握程度		

城镇排水管道工程设计技能单元教学要求 表 50

单元名称	城镇排水管道工程设计	最低学时	30 学时
教学目标	专业能力： 1. 具有城镇排水管道规划的能力； 2. 具有城镇排水设计计算的能力； 3. 具有绘制城镇排水管道工程施工图的能力。 方法能力： 1. 分析问题的能力； 2. 解决问题的能力。 社会能力： 1. 严谨的工作作风、实事求是的工作态度； 2. 团队合作的能力		
教学内容	1. 城镇排水管道布置； 2. 城镇排水管道水力计算； 3. 绘制城镇排水管道工程施工图		
教学方法建议	以实际项目为载体采用项目法、任务引领教学		
教学场所要求	校内		
考核评价要求	1. 考评依据：课堂提问、作业成绩和测试成绩； 2. 考评标准：知识的掌握程度、操作技能的掌握程度		

建筑给水系统设计技能单元教学要求　　表 51

<table>
<tr><td>单元名称</td><td>建筑给水系统设计</td><td>最低学时</td><td>30 学时</td></tr>
<tr><td>教学目标</td><td colspan="3">专业能力：
1. 具有建筑给水系统设计方案选择的能力；
2. 具有建筑给水管道布置的能力；
3. 具有建筑给水管道水力计算的能力；
4. 具有绘制建筑给水系统施工图的能力。
方法能力：
1. 分析问题的能力；
2. 解决问题的能力。
社会能力：
1. 严谨的工作作风、实事求是的工作态度；
2. 团队合作的能力</td></tr>
<tr><td>教学内容</td><td colspan="3">1. 建筑给水系统设计方案比选；
2. 建筑给水管道布置；
3. 建筑给水管道水力计算；
4. 绘制建筑给水系统施工图</td></tr>
<tr><td>教学方法建议</td><td colspan="3">以实际项目为载体采用项目法、任务引领教学</td></tr>
<tr><td>教学场所要求</td><td colspan="3">校内</td></tr>
<tr><td>考核评价要求</td><td colspan="3">1. 考评依据：课堂提问、作业成绩和测试成绩；
2. 考评标准：知识的掌握程度、操作技能的掌握程度</td></tr>
</table>

建筑排水系统设计技能单元教学要求　　表 52

<table>
<tr><td>单元名称</td><td>建筑排水系统设计</td><td>最低学时</td><td>30 学时</td></tr>
<tr><td>教学目标</td><td colspan="3">专业能力：
1. 具有建筑排水系统设计方案选择的能力；
2. 具有建筑排水管道布置的能力；
3. 具有建筑排水管道水力计算的能力；
4. 具有绘制建筑排水系统施工图的能力。
方法能力：
1. 分析问题的能力；
2. 解决问题的能力。
社会能力：
1. 严谨的工作作风、实事求是的工作态度；
2. 团队合作的能力</td></tr>
<tr><td>教学内容</td><td colspan="3">1. 建筑排水系统设计方案比选；
2. 建筑排水管道布置；
3. 建筑排水管道水力计算；
4. 绘制建筑排水系统施工图</td></tr>
<tr><td>教学方法建议</td><td colspan="3">以实际项目为载体采用项目法、任务引领教学</td></tr>
<tr><td>教学场所要求</td><td colspan="3">校内</td></tr>
<tr><td>考核评价要求</td><td colspan="3">1. 考评依据：课堂提问、作业成绩和测试成绩；
2. 考评标准：知识的掌握程度、操作技能的掌握程度</td></tr>
</table>

室内消火栓系统设计技能单元教学要求 **表 53**

单元名称	室内消火栓系统设计	最低学时	30 学时
教学目标	专业能力： 1. 具有室内消火栓系统设计方案选择的能力； 2. 具有室内消火栓管道布置的能力； 3. 具有室内消火栓管道水力计算的能力； 4. 具有绘制室内消火栓系统施工图的能力。 方法能力： 1. 分析问题的能力； 2. 解决问题的能力。 社会能力： 1. 严谨的工作作风、实事求是的工作态度； 2. 团队合作的能力		
教学内容	1. 建筑排水系统设计方案比选； 2. 建筑排水管道布置； 3. 建筑排水管道水力计算； 4. 绘制建筑排水系统施工图		
教学方法建议	以实际项目为载体采用项目法、任务引领教学		
教学场所要求	校内		
考核评价要求	1. 考评依据：课堂提问、作业成绩和测试成绩； 2. 考评标准：知识的掌握程度、操作技能的掌握程度		

水质检验技能单元教学要求 **表 54**

单元名称	水质检验	最低学时	30 学时
教学目标	专业能力： 1. 能够进行水质检验准备工作； 2. 具有检验操作、编制检验报告能力。 方法能力： 1. 分析问题的能力； 2. 解决问题的能力。 社会能力： 1. 严谨的工作作风、实事求是的工作态度； 2. 团队合作的能力		
教学内容	1. 仪器准备； 2. 药品准备； 3. 取样与检验操作； 4. 编制检验报告		
教学方法建议	以实际水体采用案例法、任务引领教学		
教学场所要求	校内、水质常规检验实训室（不小于 $70m^2$）		
考核评价要求	1. 考评依据：课堂提问、作业成绩和测试成绩； 2. 考评标准：知识的掌握程度、操作技能的掌握程度		

城镇水处理厂（站）运行管理技能单元教学要求 表 55

单元名称	城镇水处理厂（站）运行管理	最低学时	30 学时
教学目标	专业能力： 1. 具有城镇水处理厂（站）水质监测的能力； 2. 具有维持水处理厂（站）正常运行的能力。 方法能力： 1. 分析问题的能力； 2. 解决问题的能力。 社会能力： 1. 严谨的工作作风、实事求是的工作态度； 2. 团队合作的能力		
教学内容	1. 城镇水处理厂（站）水质监测； 2. 城镇水处理厂（站）运行与维护		
教学方法建议	以实际项目为载体采用案例法、项目法、任务引领教学		
教学场所要求	校内、水处理运行模拟实训室（不小于 $70m^2$）		
考核评价要求	1. 考评依据：课堂提问、作业成绩和测试成绩； 2. 考评标准：知识的掌握程度、操作技能的掌握程度		

工程测量技能单元教学要求 表 56

单元名称	工程测量	最低学时	30 学时
教学目标	专业能力： 1. 能够正确使用经纬仪、水准仪； 2. 具有角度测量、高程测量能力； 3. 具有施工测量放线的能力。 方法能力： 1. 分析问题的能力； 2. 解决问题的能力。 社会能力： 1. 严谨的工作作风、实事求是的工作态度； 2. 团队合作的能力		
教学内容	1. 经纬仪、水准仪； 2. 角度测量、高程测量； 3. 施工测量放样		
教学方法建议	以实际现场为载体采用项目法、任务引领教学		
教学场所要求	校内、工程测量实训室（不小于 $30m^2$）		
考核评价要求	1. 考评依据：课堂提问、作业成绩和测试成绩； 2. 考评标准：知识的掌握程度、操作技能的掌握程度		

给水排水管道安装技能单元教学要求 表 57

单元名称	给水排水管道安装	最低学时	30 学时
教学目标	专业能力： 1. 具有给水排水管道及其设备安装的能力； 2. 具有给水排水管道及设备安装质量检验与评定的能力。 方法能力： 1. 分析问题的能力； 2. 解决问题的能力。 社会能力： 1. 严谨的工作作风、实事求是的工作态度； 2. 团队合作的能力		
教学内容	1. 常用给水、排水管材的下料、切断与连接； 2. 阀门、附件的安装； 3. 卫生设备定位与安装； 4. 给水排水管道压力与渗漏试验； 5. 安装质量检验与评定		
教学方法建议	以实际项目为载体采用项目法、“教学做”一体化教学		
教学场所要求	校内、给水排水工程施工实训室（不小于 120m^2）		
考核评价要求	1. 考评依据：课堂提问、作业成绩和测试成绩； 2. 考评标准：知识的掌握程度、操作技能的掌握程度		

消防设备安装技能单元教学要求 表 58

单元名称	消防设备安装	最低学时	30 学时
教学目标	专业能力： 1. 具有消火栓、自动喷水灭火系统设备安装的能力； 2. 具有消火栓、自动喷水灭火系统设备安装质量检验与评定的能力。 方法能力： 1. 分析问题的能力； 2. 解决问题的能力。 社会能力： 1. 严谨的工作作风、实事求是的工作态度； 2. 团队合作的能力		
教学内容	1. 消火栓安装； 2. 消防水泵接合器安装； 3. 报警阀安装； 4. 水流指示器、喷头安装； 5. 安装质量检验与评定		
教学方法建议	以实际项目为载体采用项目法、“教学做”一体化教学		
教学场所要求	校内、给水排水工程施工实训室（不小于 120m^2）		
考核评价要求	1. 考评依据：课堂提问、作业成绩和测试成绩； 2. 考评标准：知识的掌握程度、操作技能的掌握程度		

给水排水工程施工组织技能单元教学要求 表 59

单元名称	给水排水工程施工组织	最低学时	30 学时
教学目标	专业能力： 1. 具有合理选定施工方案的能力； 2. 具有编制施工进度计划的能力； 3. 具有编制资源需用计划的能力； 4. 具有合理布置施工平面的能力。 方法能力： 1. 分析问题的能力； 2. 解决问题的能力。 社会能力： 1. 严谨的工作作风、实事求是的工作态度； 2. 团队合作的能力		
教学内容	1. 选定施工方案； 2. 编制施工进度计划； 3. 编制资源需用计划； 4. 绘制施工平面布置图		
教学方法建议	以实际项目为载体采用项目法、案例法、“教学做”一体化教学		
教学场所要求	校内、给水排水工程施工组织与管理实训室（不小于 $70m^2$）		
考核评价要求	1. 考评依据：课堂提问、作业成绩和测试成绩； 2. 考评标准：知识的掌握程度、操作技能的掌握程度		

给水排水工程施工管理技能单元教学要求 表 60

单元名称	给水排水工程施工管理	最低学时	30 学时
教学目标	专业能力： 1. 具有编制技术交底文件的能力； 2. 具有制定质量控制措施的能力； 3. 具有制定安全管理制度的能力。 方法能力： 1. 分析问题的能力； 2. 解决问题的能力。 社会能力： 1. 严谨的工作作风、实事求是的工作态度； 2. 团队合作的能力		
教学内容	1. 选定施工方案； 2. 编制施工进度计划； 3. 编制资源需用计划； 4. 绘制施工平面布置图		
教学方法建议	以实际项目为载体采用项目法、案例法、“教学做”一体化教学		
教学场所要求	校内、给水排水工程施工组织与管理实训室（不小于 $70m^2$）		
考核评价要求	1. 考评依据：课堂提问、作业成绩和测试成绩； 2. 考评标准：知识的掌握程度、操作技能的掌握程度		

给水排水工程造价技能单元教学要求　　表 61

单元名称	给水排水工程造价	最低学时	30 学时
教学目标	专业能力： 1. 能够正确使用消耗量定额、费用定额； 2. 具有编制工程量清单的能力； 3. 具有工程量清单计价的能力； 4. 具有工程成本分析及成本控制的能力。 方法能力： 1. 分析问题的能力； 2. 解决问题的能力。 社会能力： 1. 严谨的工作作风、实事求是的工作态度； 2. 团队合作的能力		
教学内容	1. 给水排水安装工程量清单的编制与计价； 2. 市政给水排水工程量清单的编制与计价		
教学方法建议	以实际项目为载体采用项目法、“教学做”一体化教学		
教学场所要求	校内、给水排水工程造价实训室（不小于 $70m^2$）		
考核评价要求	1. 考评依据：课堂提问、作业成绩和测试成绩； 2. 考评标准：知识的掌握程度、操作技能的掌握程度		

3. 课程体系构建的原则要求

（1）“以就业为导向、以能力为本位”的思想；

（2）“以理论知识够用为度、应用知识为主”的原则；

（3）体现“校企合作、工学结合”的原则；

（4）建立突出职业能力培养的课程标准，规范课程教学的原则；

（5）构建理实一体的课程模式原则；

（6）实践教学体系由基础训练、综合训练、顶岗实习递进式构建原则。

9　专业办学基本条件和教学建议

9.1　专业教学团队

1. 专业带头人

专业带头人 1～2 名、给排水工程技术专业毕业、具有本科及以上学历（中青年教师应具有硕士及以上学历）、具有副高级及以上职称，具有较强的本专业工程设计、施工及管理能力，具有中级及以上工程系列职称或国家执业资格证书。

2. 师资数量

专业教师的人数应和学生规模相适应（招生人数不少于 40 人），但专业理论课教师不少于 5 人，专业实训教师不少于 2 人，生师比不大于 18：1。

3. 师资水平及结构

专业理论教师应具有大学本科以上学历，教师中研究生学历或硕士及以上学位比例应达到15%；具有高级职称专业教师占专业教师总数比例应达到20%；专业教师中具有“双师型”素质的教师比例应达到50%。专业理论课教师除能完成课堂理论教学外，还应具有编写讲义、教材和进行教学研究的能力。专业实践课教师应具有编写课程设计、毕业实践的任务书和指导书的能力。

实训教师应具有专科以上学历，具有中级以上技师资格证。

兼职专业教师除满足本科学历条件外，还应具备5年以上的实践经验，具有工程师职称，还应具有建造师、设备工程师、造价师等职业资格证。由兼职教师承担的专业课程学时比例应达到35%。

9.2 教学设施

1. 校内实训条件

校内实训条件要求，见表62。

校内实训条件要求　　表62

序号	实践教学项目	主要设备、设施名称及数量	实训室（场地）面积（m^2）	备注
1	工程图识读与绘制	建筑给水排水施工图、城市给水排水管道施工图、水处理厂（站）施工图41套	不小于70 m^2	
		绘图桌椅41套		
		绘图仪器41套		
2	（1）计算机辅助设计实训 （2）水处理运行实训 （3）给水排水工程造价实训 （4）给水排水工程施工组织与管理实训	台式计算机41台	不小于70m^2	
		计算机桌椅41台		
		CAD软件		网络版40节点
		给水排水工程设计软件		网络版40节点
		水处理运行模拟软件		网络版40节点
		给水排水工程计价软件		网络版40节点
		施工组织与管理软件		网络版40节点
		投影仪1套		2500流明
		投影幕布1套		幕布120″
3	水质检验	酸式滴定管40支	不小于70m^2	50mL
		碱式滴定管40支		50mL
		容量瓶40个		500mL
		锥形瓶40个		250mL
		移液管40支		50mL
		烧杯40个		250mL

续表

序号	实践教学项目	主要设备、设施名称及数量	实训室（场地）面积（m²）	备注
3	水质检验	光栅分光光度计；5台	不小于70m²	
		浊度仪10台		
		COD仪10台		
		pH计10台		
		生物显微镜10台		
		电子分析天平2台		
		生化培养箱2台		
		电冰箱1台		200L
		恒温干燥箱1台		
		电热蒸馏水器1台		
		蒸汽消毒器1台		
4	工程测量	普通经纬仪10台	不小于30m²	
		普通水准仪10台		
		水准尺20个		3m
		钢卷尺10个		30m
5	建筑给水排水管道与卫生设备安装	砂轮切割机5台	不小于120m²	
		电动套丝机5台		
		手提电钻10台		$\phi12$
		冲击钻10台		$\phi20$
		台式电钻2台		$\phi30$
		工作台10套		1500mm×750mm
		手动试压泵10台		
		交流电焊机5台		
		PP-R管热熔机10台		
		洗脸盆5套		
		淋浴器5套		
		小便器5套		
		蹲式大便器5套		
		坐式大便器5套		
		浴盆5套		
6	水力学实训	雷诺实验仪4套	不小于120m²	
		文丘里流量计校正仪4套		
		孔口、管嘴仪4套		
		水静压强仪4套		
		液体流线仪（油槽流线仪）4套		

2. 校外实训基地的基本要求

（1）给排水工程技术专业校外实训基地应建立在二级及以上资质的房屋建筑工程施工总承包和专业承包企业。

（2）校外实训基地应能提供与本专业培养目标相适应的职业岗位，并宜对学生实施轮岗实训。

（3）校外实训基地应具备符合学生实训的场所和设施，具备必要的学习及生活条件，并配置专业人员指导学生实训。

3. 信息网络教学条件

数字化网络平台、无线网校园全覆盖。

9.3 教材及图书、数字化（网络）资料等学习资源

1. 教材

选用全国高职高专教育土建类专业教学指导委员会规划推荐教材（中国建筑工业出版社出版）或校本教材。

2. 图书及数字化资料

图书资料包括：专业书刊、法律法规、规范规程、教学文件、电化教学资料、教学应用资料等。

（1）专业书刊

有关给水排水方面的书籍生均 35 册以上；有关给水排水方面的各类期刊（含报纸）10 种以上，有一定数量且适用的电子读物，并经常更新。

（2）电化教学及多媒体教学资料

有一定数量的教学光盘、多媒体教学课件等资料，并能不断更新、充实其内容和数量，年更新率在 20%以上。

（3）教学应用资料

有一定数量的国内外交流资料，有专业课教学必备的教学图纸、标准图集、规范、预算定额等资料。

9.4 教学方法、手段与教学组织形式建议

（1）在教学过程中，教学内容要紧密结合职业岗位标准、技术规范技术标准、提高学生的岗位适应能力。

（2）在教学过程中，应用模型、投影仪、多媒体、专业软件等教学资源，帮助学生理解施工内容和流程。

（3）教学过程中立足于加强学生实际操作能力和技术应用能力的培养。采用项目教学、任务引领、案例教学等发挥学生主体作用的教学方法，以工作任务引领教学，提高学生的学习兴趣，激发学生学习的内动力。要充分利用校内实训基地和企业施工现场，模拟典型的职业工作任务，在完成工作任务过程中，让学生独立获取信息、独立计划、独立决

策、独立实施、独立检查评估，学生在“做中学，学中做”，从而获得工作过程知识、技能和经验。

（4）课程教学的关键是模拟现场教学。应以典型的工作项目或任务为载体，在教学过程中教师展示、演示和学生分组操作并行，学生提问与教师解答、指导有机结合，让学生在“教”与“学”的过程中掌握技术课程的基本知识，实现理论实践一体化。

9.5 教学评价、考核建议

（1）改革传统的学生评价手段和方法，注重学生的职业能力考核，采用项目评价、阶段评价、目标评价、理论与实践一体化评价模式。

（2）关注评价的多元性。结合提问、作业、平时测验、实训操作及考试综合评价学生的成绩。

（3）应注重对学生动手能力和在实践中分析问题、解决问题能力的考核。对在学习和应用上有创新的学生给予积极引导和特别鼓励，综合评价学生能力，发展学生心智。

9.6 教学管理

（1）成立专业管理委员会，由行业、企业专家和专任教师组成；

（2）成立课程教学团队；

（3）建立责任制；

（4）尽可能实行学分制、教考分离，有利于学生个性发展和一体化课程的改革。

10 继续学习深造建议

10.1 高职升本

高职毕业后符合升本条件，直接升入普通本科院校给排水科学与工程（给水排水工程）专业、建筑环境与设备工程专业或环境工程专业继续学习深造。

10.2 成人本科

高职毕业后参加成人高考进入成人本科院校，在职攻读给排水科学与工程（给水排水工程）专业、建筑环境与设备工程专业或环境工程专业。

10.3 自考本科

高职毕业后边工作边学习，攻读给排水科学与工程（给水排水工程）专业、建筑环境与设备工程专业或环境工程专业本科课程。

附录 1

给排水工程技术专业教学基本要求实施示例

1 构建课程体系的架构与说明

为了建立突出职业能力培养的课程标准，规范课程教学的基本要求，提高课程教学质量，全面实现高技能人才培养的目标，课程体系的建立要反映“以就业为导向、以能力为本位”的思想；体现“校企合作、工学结合”的原则。

充分发挥行业企业和专业教学指导委员会的作用，按照“专业调研→职业岗位分析→职业能力与素质分析→知识结构分析→确定课程体系→专家论证→调整完善”的技术路线构建课程体系。

1.1 职业岗位分析

通过对供水排水企业、建筑安装施工企业、设计院等单位，以及行业管理部门的调查，并邀请行业企业工程与管理人员参与，共同对给水排水工程技术专业人员的岗位职责、工作内容以及工作标准进行分析，得出给水排水工程技术专业人员在不同岗位应具备的能力和应掌握的知识，见附表1。

职业与岗位分析表　　附表1

单位	岗位	岗位职责	工作内容	工作标准	对应的能力	对应的知识
供水排水企业	运行管理技术员	1. 负责供水、排水技术管理工作； 2. 负责设备、设施维护管理，确保设备正常运行； 3. 督促生产岗位人员、遵守操作规程； 4. 负责员工的技术培训，提高专业技术水平； 5. 负责收集、整理专业技术文件图纸、设备档案资料，及时归档，妥善保管	1. 供水、排水技术管理； 2. 设备、设施维护； 3. 指导员工生产操作； 4. 培训员工； 5. 资料收集、整理和保管	1. 保证安全生产； 2. 设备、设施正常运行； 3. 使员工操作符合规程； 4. 提高员工技术水平； 5. 资料收集及时、完整	具有保证供水、排水系统正常运行、解决生产中技术问题的能力；培训员工提高技术水平、收集整理技术资料、计算机文字处理、技术创新等能力	熟悉供水、排水生产工艺流程、处理构筑物及设备；熟悉各岗位操作规程；熟悉供水、排水企业管理的基本知识；掌握计算机操作基本知识
施工企业	给水排水施工员	1. 贯彻执行国家颁布的技术标准、施工规范和操作规程； 2. 参加图纸会审，负责编制分部分项工程方案和作业指导书，及时提出项目材料需用计划； 3. 负责技术交底和安全施工交底； 4. 负责编写施工日志，负责办理工序交接、隐蔽工程检查、整理工程竣工资料； 5. 做好施工进度控制及文明施工工作； 6. 负责对施工过程的监控点进行检测、检查，保存记录，收集数据分析资料； 7. 及时编制项目成本原始统计等资料	1. 执行国家的技术标准和规范； 2. 审查图纸，编制施工方案，提出材料计划； 3. 技术及安全交底； 4. 现场技术管理、资料管理； 5. 控制进度，文明施工； 6. 施工过程控制，质量管理； 7. 项目成本核算	1. 正确执行国家标准和规范； 2. 施工方案、资源需用计划合理； 3. 施工符合技术规程，安全生产； 4. 按时记录、及时检查，资料完整； 5. 进度符合要求、文明施工； 6. 保证工程质量； 7. 降低项目成本	具有给水排水工程管道、消防工程、设备及构筑物的施工、编制施工组织设计、进行现场施工管理、编制工程结算、绘制竣工图的能力	熟悉施工图；掌握工程测量、给水排水管道及设备安装知识；熟悉给水排水处理构筑物施工知识；掌握工程结算、施工组织和施工管理知识

续表

单位	岗位	岗位职责	工作内容	工作标准	对应的能力	对应的知识
施工企业	给水排水造价员	1. 严格执行国家和地方的法律法规和规章制度； 2. 参加图纸会审，编制工程造价及工料分析； 3. 参与投标文件的编制工作，掌握合同执行情况，协助项目经理认真履行合同条款； 4. 经常深入工地，收集各项经济技术资料，做好结算工作的准备； 5. 工程竣工后，及时编制结算书，并与有关部门核实定案； 6. 努力学习，不断提高业务水平	1. 执行法律法规； 2. 参加图纸会审，编制工程造价文件； 3. 参与投标文件编制与合同管理； 4. 收集经济技术资料； 5. 编制工程结算书； 6. 继续学习	1. 正确执行法律法规； 2. 工程造价编制准确； 3. 招标文件编写符合要求、认真履行合同； 4. 收集资料及时、完整； 5. 工程结算及时、准确； 6. 提高业务水平	具有工程量清单编制、工程量清单计价、编制投标报价、编写投标文件、熟练利用计算机编制工程造价等能力	熟悉给水排水管道、设备及构筑物等基本知识；熟悉施工组织、施工管理、招标投标基本知识；掌握工程量清单编制及工程量清单计价知识
设计院	给水排水设计员	1. 参与设计资料的收集与整理工作； 2. 参与初步设计并向相关专业提供资料； 3. 参与施工图设计计算并统计主要材料及设备数量； 4. 负责施工图的绘制； 5. 参与处理施工现场设计问题	1. 收集设计资料； 2. 参与初步设计； 3. 参与施工图设计； 4. 绘制施工图； 5. 处理施工问题	1. 资料收集全面、准确； 2. 初步设计符合规范； 3. 施工图设计符合规范； 4. 施工图表示正确； 5. 处理问题及时、合理	具有一般给水排水工程设计、熟练利用计算机处理文字和设计软件绘图等能力	熟悉水处理技术知识；掌握管道工程、建筑给水排水工程；熟悉设计规范；熟练掌握计算机文字处理和绘图软件的应用

1.2 职业能力、专业知识结构及其分析

根据给排水工程技术专业从事的职业与岗位分析，该专业的职业能力、专业知识结构，见附表2。

职业能力、专业知识结构及其分析　　　附表2

综合能力	专项能力	对应实践课程	专业知识	主要知识点	对应理论课程
1. 工程图识读与绘制能力	(1) 建筑工程图的识读与绘制能力； (2) 给水排水工程图的识读与绘制能力； (3) 应用计算机绘制工程图能力	(1) 工程图识读与绘制实训 (2) 计算机辅助设计实训 (3) 给水排水工程专项设计实训 (4) 毕业实践	1. 工程图识读与绘制知识	(1)投影知识，建筑工程图、给水排水工程图识读与绘制知识； (2) 给水排水管道工程知识； (3) 建筑给水排水工程知识； (4) 水泵与水泵站知识； (5) 水处理工程知识	(1) 工程图识读与绘制 (2) 计算机辅助设计 (3) 水泵与水泵站 (4) 给水排水管道工程技术 (5) 建筑给水排水工程 (6) 水处理工程技术

续表

综合能力	专项能力	对应实践课程	专业知识	主要知识点	对应理论课程
2. 计算机应用能力	(1) 应用计算机对文字和数据进行处理能力； (2) 应用计算机绘图能力； (3) 应用计算机编制给水排水工程造价能力； (4) 应用计算机编制给水排水工程施工组织设计能力	(1) 计算机辅助设计实训 (2) 给水排水工程专项设计实训 (3) 给水排水工程造价实训 (4) 施工组织设计实训 (5) 毕业实践	2. 计算机应用知识	(1) 计算机基础及应用知识； (2) 文字处理软件应用知识； (3) 专业设计软件应用知识； (4) 工程量清单计价软件应用知识	(1) 计算机应用基础 (2) 计算机辅助设计 (3) 给水排水管道工程技术 (4) 建筑给水排水工程 (5) 水泵与水泵站 (6) 水处理工程技术 (7) 给水排水工程造价 (8) 给水排水工程施工组织与管理
3. 水处理工程运行管理能力	(1) 解决水处理系统生产中技术问题能力； (2) 保证水处理系统正常运行和安全供水能力； (3) 收集、整理和处理技术资料能力	(1) 水质检验实训 (2) 水处理工程运行管理实训 (3) 毕业实践	3. 水处理工程运行管理知识	(1) 水质指标及水质检验知识； (2) 水处理构筑物的构造、工艺流程及其运行、维护、管理知识； (3) 水泵设备维护及水泵站运行管理知识； (4) 常用电气设备及安全用电知识	(1) 水质检验技术 (2) 水泵与水泵站 (3) 水处理工程技术 (4) 电工与电气设备
4. 给水排水工程设计能力	(1) 给水排水工程制图能力； (2) 给水排水管道工程设计能力； (3) 建筑给水排水工程设计能力； (4) 建筑消防给水系统设计能力	(1) 工程图识读与绘制实训 (2) 计算机辅助设计实训 (3) 给水排水工程专项设计实训 (4) 毕业实践	4. 给水排水工程设计知识	(1) 给水排水工程制图知识； (2) 水泵选型及水泵站设计知识； (3) 给水排水管道工程组成、管材设备及设计计算知识； (4) 建筑给水排水工程系统组成、管材设备及设计技术知识； (5) 建筑消防给水系统组成、管材设备及设计技术知识； (6) 计算机绘图知识	(1) 工程图识读与绘制 (2) 计算机辅助设计 (3) 水力学与应用 (4) 水泵与水泵站 (5) 给水排水管道工程技术 (6) 建筑给水排水工程

续表

综合能力	专项能力	对应实践课程	专业知识	主要知识点	对应理论课程
5. 给水排水工程施工能力	(1) 工程图识读与绘制能力； (2) 工程测量放线能力； (3) 给水排水工程管道及设备安装与验收能力； (4) 水处理构筑物施工与验收能力； (5) 编制给水排水工程造价能力； (6) 给水排水工程施工组织与管理能力； (7) 应用工程建设法规的能力； (8) 应用计算机处理工程资料和绘制竣工图能力	(1) 工程图识读与绘制实训 (2) 工程测量实训 (3) 给水排水工程造价实训 (4) 施工组织设计实训 (5) 管道安装操作实训 (6) 毕业实践	5. 给水排水工程施工知识	(1) 工程图识读与绘制知识； (2) 水准仪、经纬仪和全站仪的构造和使用知识； (3) 土石方工程、钢筋混凝土工程、给水排水工程管道设备等施工、安装及质量要求知识； (4) 给水排水工程造价知识； (5) 施工组织与施工管理知识； (6) 工程建设法规基本知识	(1) 工程图识读与绘制 (2) 工程测量 (3) 给水排水管道工程技术 (4) 建筑给水排水工程 (5) 力学与结构基本知识 (6) 给水排水工程施工技术 (7) 给水排水工程造价 (8) 给水排水工程施工组织与管理 (9) 工程建设法规
6. 给水排水工程造价编制能力	(1) 工程图识读能力； (2) 给水排水工程量清单编制能力； (3) 给水排水工程量清单计价能力； (4) 编写投标文件能力	(1) 给水排水工程造价实训 (2) 毕业实践	6. 给水排水工程造价编制知识	(1) 工程图的识读知识； (2) 给水排水管道工程组成、管材设备知识； (3) 建筑给水排水工程系统组成、管材设备知识； (4) 给水排水工程施工知识； (5) 工程量清单编制及计价知识； (6) 工程招标投标基本知识	(1) 工程图识读与绘制 (2) 水泵与水泵站 (3) 给水排水管道工程技术 (4) 建筑给水排水工程 (5) 水处理工程技术 (6) 给水排水工程施工技术 (7) 给水排水工程造价 (8) 给水排水工程施工组织与管理
7. 给水排水工程施工组织与管理能力	(1) 工程图识读能力； (2) 编制给水排水施工组织设计能力； (3) 给水排水工程施工管理能力	(1) 给水排水工程施工组织与管理实训 (2) 毕业实践	7. 给水排水工程施工组织与管理知识	(1) 工程图的识读知识； (2) 给水排水工程施工知识； (3) 工程量清单编制及计价知识； (4) 工程招标投标基本知识	(1) 工程图识读与绘制 (2) 给水排水工程施工技术 (3) 给水排水工程造价 (4) 给水排水工程施工组织与管理

1.3 构建理论课程和实践课程体系

理论教学课程以应用为主，突出基本知识，减少不必要的公式推导和论证，淡化理论知识的系统性和完整性，突出应用性、实用性，提高学生分析和解决实际问题的能力。理论课程的内容要及时反映本专业领域的新技术、新工艺、新材料的应用，教学内容既相对稳定，又不断更新。

实践教学过程是培养学生职业能力的重要环节，是能否实现本专业人才培养目标的关键。实践教学课程以职业能力培养为中心，突出实践能力培养。实践教学课程，既有与理论课对应的实训课程，又有形成岗位职业能力的实践课程。在课时安排上，实践教学课时数应不少于理论教学课时数。

1. 理论课程体系（附表3）

理 论 课 程 体 系 **附表3**

<table>
<tr><td rowspan="6">A
文化基础课
（536/170）</td><td>A1 思想道德与法律基础（48/0）</td><td>A2 毛泽东思想、邓小平理论与“三个代表”重要思想概论（64/16）</td><td>A3 形势与政策（18/0）</td></tr>
<tr><td colspan="3">A4 军事理论（36/0）</td></tr>
<tr><td colspan="3">A5 高等数学（100/12）</td></tr>
<tr><td colspan="3">A6 体育与健康（90/64）</td></tr>
<tr><td colspan="3">A7 英语（100/24）</td></tr>
<tr><td colspan="3">A8 计算机应用基础（80/54）</td></tr>
<tr><td rowspan="9">B
专业课
（930/200）</td><td>B1 工程图识读与绘制（60/18）</td><td colspan="2">B2 计算机辅助设计（60/32）</td></tr>
<tr><td>B3 水力学与应用（60/8）</td><td colspan="2">B4 水泵与水泵站（50/4）</td></tr>
<tr><td colspan="3">B5 工程测量（60/16）</td></tr>
<tr><td colspan="3">B6 水质检验技术（50/24）</td></tr>
<tr><td colspan="3">B7 力学与结构基本知识（100/12）</td></tr>
<tr><td>B8 给水排水管道工程技术（70/12）</td><td rowspan="3">B11 给水排水工程施工技术（80/18）</td><td>B12 给水排水工程造价（70/16）</td></tr>
<tr><td>B9 建筑给水排水工程（70/12）</td><td rowspan="2">B13 给水排水工程施工组织与管理（50/12）</td></tr>
<tr><td>B10 水处理工程技术（120/16）</td></tr>
<tr><td colspan="3">B14 工程建设法规（30/0）</td></tr>
<tr><td rowspan="5">C
限选课
（206/34）</td><td colspan="3">C1 应用文写作（30/6）</td></tr>
<tr><td colspan="3">C2 专业英语（30/6）</td></tr>
<tr><td colspan="3">C3 电工与电气设备（80/16）</td></tr>
<tr><td colspan="3">C4 工程监理（30/0）</td></tr>
<tr><td colspan="3">C5 职业规划与就业指导（36/6）</td></tr>
<tr><td>D
任选课
（90/0）</td><td colspan="3">D 任选课（90/0）</td></tr>
</table>

注：1.（ ）内数字为基本学时，其中“/”上为总学时，下为实践教学学时。

2. 横向排列的课程按先修后续关系排列，竖向排列无序列关系。

3. 部分专业课程可视实际情况在实习现场开设。

2. 实践教学体系（附表 4）

实践教学体系 **附表 4**

<table>
<tr><td colspan="4">E1 专业教育参观（1）</td></tr>
<tr><td colspan="4">E2 军事训练（2）</td></tr>
<tr><td colspan="4">E3 工程图识读与绘制（1）</td></tr>
<tr><td colspan="4">E4 计算机辅助设计实训（1）</td></tr>
<tr><td colspan="4">E5 工程测量实训（1）</td></tr>
<tr><td colspan="4">E6 水质检验操作实训（1）</td></tr>
<tr><td colspan="4">E7 给水排水管道工程设计实训（2）</td></tr>
<tr><td colspan="4">E8 建筑给水排水工程设计实训（2）</td></tr>
<tr><td colspan="4">E9 水处理运行模拟实训（1）</td></tr>
<tr><td colspan="4">E10 给水排水管道及卫生器具安装实训（1）</td></tr>
<tr><td colspan="4">E11 给水排水工程造价实训（1）</td></tr>
<tr><td colspan="4">E12 给水排水工程施工组织与管理实训（1）</td></tr>
<tr><td rowspan="4">毕业实践</td><td rowspan="3">岗位能力综合实训</td><td>E13 水处理运行管理实训（3）</td><td rowspan="3">E16 顶岗实习（19）</td></tr>
<tr><td>E14 给水排水工程施工与管理实训（3）</td></tr>
<tr><td>E15 给水排水工程设计实训（3）</td></tr>
<tr><td colspan="3">E17 毕业实践答辩（1）</td></tr>
</table>

注：1.（ ）内数字为周数，共 44 周，折算为 1320 学时。

2. 横向排列的课程按先修后续关系排列。

3. E1 采用实习周的形式在校外实训基地参观；E2～E12 采用专用周的形式安排在校内进行；E13～E16 安排在校外实训基地进行；E17 安排在校内或实习所在地进行，答辩委员会成员应以企业专家为主。

3. 教学时数分配（附表 5）

教学时数分配 **附表 5**

<table>
<tr><td colspan="2" rowspan="2">课程类别</td><td rowspan="2">学时</td><td colspan="2">其中</td></tr>
<tr><td>理论</td><td>实践</td></tr>
<tr><td rowspan="4">理论课程</td><td>文化基础课</td><td>536</td><td>366</td><td>170</td></tr>
<tr><td>专业课</td><td>930</td><td>730</td><td>200</td></tr>
<tr><td>选修课</td><td>296</td><td>262</td><td>34</td></tr>
<tr><td>小计</td><td>1762</td><td>1358</td><td>404</td></tr>
<tr><td colspan="2">实践课程</td><td>1320</td><td>0</td><td>1320</td></tr>
<tr><td colspan="2">合计</td><td>3082</td><td>1358</td><td>1724</td></tr>
<tr><td colspan="3">理论课程占总学时的比例</td><td colspan="2">44.1%</td></tr>
<tr><td colspan="3">实践课程及实践环节占总学时的比例</td><td colspan="2">55.9%</td></tr>
</table>

2 专业核心课程简介（附表6～附表11）

给水排水管道工程技术课程简介 **附表6**

<table>
<tr><td>课程名称</td><td>给水排水管道工程技术</td><td>学时：70</td><td>理论58学时
实践12学时</td></tr>
<tr><td>教学目标</td><td colspan="3">专业能力：
1. 具有给水、排水、雨水管道规划能力；
2. 具有给水、排水、雨水管道设计、计算能力；
3. 具有给水排水管道施工图绘制的能力。
方法能力：
培养学生分析问题、解决问题的能力。
社会能力：
1. 严谨的工作作风、实事求是的工作态度；
2. 团队合作的能力</td></tr>
<tr><td>教学内容</td><td colspan="3">单元1：给水管道工程设计计算
知识点：给水管网布置、管材种类的选择、给水管网的计算方法。
技能点：给水施工图设计。
单元2：排水管道工程设计计算
知识点：排水管网布置、管材种类的选择、排水管网的计算方法。
技能点：排水施工图设计。
单元3：雨水管道工程设计计算
知识点：雨水管网布置、管材种类的选择、雨水管网的计算方法。
技能点：雨水管道施工图设计</td></tr>
<tr><td>实训项目及内容</td><td colspan="3">项目1：小区给水管道工程设计
收集资料、方案比选、设计计算、绘制施工图。
项目2：小区排水管道工程设计
收集资料、方案比选、设计计算、绘制施工图</td></tr>
<tr><td>教学方法建议</td><td colspan="3">讲授法、案例法、项目法</td></tr>
<tr><td>考核评价要求</td><td colspan="3">过程考核40%，知识考核30%，结果考核30%</td></tr>
</table>

水处理工程技术课程简介 **附表 7**

<table>
<tr><td>课程名称</td><td>水处理工程技术</td><td>学时：120</td><td>理论 104 学时
实践 16 学时</td></tr>
<tr><td>教学目标</td><td colspan="3">专业能力：
1. 具有根据不同水质选择设计处理工艺流程，并能够编写净、污水处理设计方案能力；
2. 具有识读水处理厂（站）工艺图，并能绘制污水处理站常用单体构筑物工艺图的能力；
3. 具有综合运用水污染治理技术，解决各种类型简单水处理问题，能够正确运行调试水处理设备系统并解决水处理厂运行管理中出现的常见问题的能力。
方法能力：
培养学生分析问题、解决问题的能力。
社会能力：
1. 严谨的工作作风、实事求是的工作态度；
2. 团队合作的能力</td></tr>
<tr><td>教学内容</td><td colspan="3">单元 1：净水处理方法
知识点：絮凝、沉淀、过滤、消毒的原理，净水处理工艺的选择。
技能点：识读净水处理施工图、绘制净水处理施工图。
单元 2：污水预处理方法
知识点：预处理的方法与原理、预处理工艺的选择。
技能点：识读预处理施工图、绘制预处理施工图。
单元 3：污水活性污泥法
知识点：活性污泥处理原理、活性污泥处理工艺流程选择方法。
技能点：识读活性污泥处理施工图、绘制活性污泥处理施工图。
单元 4：污水生物膜法
知识点：生物膜法处理污水方法与原理、生物膜法处理工艺流程选择。
技能点：识读活性污泥处理施工图、绘制活性污泥处理施工图。
单元 5：厌氧处理与污泥处理
知识点：厌氧处理的原理。
技能点：污泥处理工艺选择。
单元 6：工业废水处理
知识点：物理处理原理与工艺、化学处理原理与工艺。
技能点：废水处理工艺选择。
单元 7：深度处理与纯水处理
知识点：深度处理工艺、纯净水处理原理。
技能点：深度处理流程选择。
单元 8：水厂调试与运行管理
知识点：给水厂、污水处理厂调试方法、运行、管理的制度。
技能点：常用设备的维护与管理</td></tr>
<tr><td>实训项目
及内容</td><td colspan="3">项目 1：地下给水处理工艺设计
收集资料、方案比选、设计计算、绘制处理工艺图。
项目 2：小区污水处理工艺设计
收集资料、方案比选、设计计算、编制处理工艺图</td></tr>
<tr><td>教学方法建议</td><td colspan="3">讲授法、案例法、项目法</td></tr>
<tr><td>考核评价要求</td><td colspan="3">过程考核 40%，知识考核 30%，结果考核 30%</td></tr>
</table>

建筑给水排水工程课程简介 **附表 8**

<table>
<tr><td>课程名称</td><td>建筑给水排水工程</td><td>学时：70</td><td>理论 58 学时
实践 12 学时</td></tr>
<tr><td>教学目标</td><td colspan="3">专业能力：
1. 具有建筑给水、排水及消防给水系统选择能力；
2. 具有建筑给水、排水及消防给水系统管道布置能力；
3. 具有建筑给水、排水及消防给水系统管道水力计算能力。
方法能力：
培养学生分析问题、解决问题的能力。
社会能力：
1. 严谨的工作作风、实事求是的工作态度；
2. 团队合作的能力</td></tr>
<tr><td>教学内容</td><td colspan="3">单元 1：室内给水系统
知识点：给水系统的组成、给水系统选择、给水管道布置与敷设、给水管道水力计算。
技能点：给水系统设计。
单元 2：消火栓系统
知识点：消火栓系统的组成、消火栓系统选择、消火栓管道布置与敷设、消火栓管道水力计算。
技能点：消火栓系统设计。
单元 3：自动喷水灭火系统
知识点：自动喷水灭火系统的组成、喷头与管道布置与敷设、喷淋管道水力计算。
技能点：自动喷水灭火系统设计计算。
单元 4：室内污水系统
知识点：污水系统的组成、污水管道布置与敷设、污水系统水力计算。
技能点：污水系统设计计算。
单元 5：屋面雨水系统
知识点：屋面雨水系统的组成、屋面雨水管道的布置与敷设、屋面雨水系统水力计算。
技能点：屋面雨水系统设计计算。
单元 6：建筑中水系统
知识点：中水系统组成、中水处理工艺流程、中水利用。
技能点：中水施工图识读</td></tr>
<tr><td>实训项目
及内容</td><td colspan="3">项目 1：建筑给水、污水、雨水系统施工图设计
收集资料、方案比选、设计计算、绘制施工图。
项目 2：建筑消火栓给水系统设计
收集资料、方案比选、设计计算、绘制施工图</td></tr>
<tr><td>教学方法建议</td><td colspan="3">讲授法、案例法、“教学做”一体、项目法</td></tr>
<tr><td>考核评价要求</td><td colspan="3">过程考核 40%，知识考核 30%，结果考核 30%</td></tr>
</table>

给水排水工程施工技术课程简介

附表 9

课程名称	给水排水工程施工技术	学时：80	理论 62 学时 实践 18 学时
教学目标	专业能力： 1. 掌握一般土石方工程施工的方法； 2. 掌握给水排水管道工程施工的方法与要求； 3. 掌握水处理设备防腐工程施工的方法； 4. 掌握卫生设备安装的方法与要求； 5. 掌握水处理构筑物施工的方法与要求； 6. 能配合工程施工进行质量及安全控制； 7. 具备参与工程竣工验收的能力。 方法能力： 培养学生分析问题、解决问题的能力。 社会能力： 1. 严谨的工作作风、实事求是的工作态度； 2. 诚实、守信、善于沟通合作的优良品质； 3. 团队合作和承受挫折的能力		
教学内容	单元 1：管道工程开槽施工 知识点：土方的基本性质、施工方法、施工降水知识、管道工程开槽的施工方法。 技能点：编制给水管道施工方案、编制排水管道施工方案、编制施工管理资料。 单元 2：管道工程特殊法施工 知识点：顶管施工原理、顶管计算、顶管的顶进与质量控制。 技能点：编制排水管道顶管工程施工方案。 单元 3：建筑给水排水管道的安装 知识点：管材、管件种类与选择、卫生设备的种类与选择、建筑给水排水管道安装施工。 技能点：编制建筑给水排水管道及卫生设备安装施工方案。 单元 4：管道处理设备防腐 知识点：处理设备及管道防腐材料与要求、处理设备及管道防腐施工方法。 技能点：处理设备及管道防腐施工。 单元 5：水处理构筑物的施工 知识点：建筑材料的种类及要求、检查井、阀门井的施工方法、小型水池施工方法。 技能点：编制小型水池施工方案		
实训项目及内容	项目 1：给水排水管道工程开槽施工方案编制 图纸会审、工程量计算、编制施工方案。 项目 2：建筑给水排水管道及卫生设备安装 熟悉图纸、制订施工方案、安装与质量评定		
教学方法建议	讲授法、案例法、项目法		
考核评价要求	过程考核 40％，知识考核 30％，结果考核 30％		

给水排水工程造价课程简介 **附表 10**

<table>
<tr><td>课程名称</td><td>给水排水工程造价</td><td>学时：70</td><td>理论 54 学时
实践 16 学时</td></tr>
<tr><td>教学目标</td><td colspan="3">专业能力：
1. 正确应用消耗量定额、费用定额；
2. 掌握工程量清单编制和计价的方法；熟悉投标报价程序；
3. 理解各种造价文件及造价政策的要求；掌握工程结算的编制方法；
4. 具有运用工程造价知识进行工程成本分析及控制的能力。
方法能力：
培养学生分析问题、解决问题的能力。
社会能力：
1. 严谨的工作作风、实事求是的工作态度；
2. 团队合作和承受挫折的能力</td></tr>
<tr><td>教学内容</td><td colspan="3">单元 1：工程建设及工程造价
知识点：工程建设基本程序、建设工程费用、工程定额、工程量清单、工程量清单计价。
技能点：工程量清单编制及计价。
单元 2：市政给排水工程计量与计价
知识点：市政工程消耗量定额、市政给水排水工程量清单及计价。
技能点：确定市政给水排水工程造价。
单元 3：建筑给水排水工程计量与计价
知识点：建筑给水排水工程定额、建筑给水排水工程量清单及计价。
技能点：确定建筑给水排水工程造价。
单元 4：工程招投标
知识点：工程招投程序、招标公告与招标文件、投标文件。
技能点：编制工程投标文件</td></tr>
<tr><td>实训项目及内容</td><td colspan="3">项目 1：市政给水排水工程造价
熟悉图纸、编制工程量清单、工程量清单计价。
项目 2：建筑给水排水工程造价
熟悉图纸、编制工程量清单、工程量清单计价</td></tr>
<tr><td>教学方法建议</td><td colspan="3">讲授法、“教学做”一体化、项目法</td></tr>
<tr><td>考核评价要求</td><td colspan="3">过程考核 30%，知识考核 30%，结果考核 40%</td></tr>
</table>

给水排水工程施工组织与管理课程简介 **附表 11**

<table>
<tr><td>课程名称</td><td>给水排水工程
施工组织与管理</td><td>学时：50</td><td>理论 38 学时
实践 12 学时</td></tr>
<tr><td>教学目标</td><td colspan="3">专业能力：
1. 掌握工程项目管理、项目管理规划、项目管理组织基本知识；
2. 掌握施工组织计划、施工组织设计及施工方案的编制方法；
3. 熟悉项目进度管理内容，掌握项目进度计划、项目进度控制方法；
4. 熟悉项目质量管理、质量管理体系，项目质量计划内容、掌握项目质量控制方法、项目施工质量事故处理程序；
5. 熟悉项目施工成本管理内容、施工成本计划，掌握项目成本核算、施工成本分析方法。
方法能力：
培养学生分析问题、解决问题的能力。
社会能力：
1. 严谨的工作作风、实事求是的工作态度；
2. 团队合作和承受挫折的能力</td></tr>
<tr><td>教学内容</td><td colspan="3">单元 1：施工组织与管理概述
知识点：建筑工程项目管理内容、项目管理规划、项目管理组织。
技能点：绘制项目管理组织机构图。
单元 2：建筑工程施工组织设计
知识点：施工组织计划、施工组织设计总设计、单位工程施工组织设计、施工方案。
技能点：编制单位工程施工设计、制订施工方案。
单元 3：项目进度管理
知识点：项目进度管理内容、项目进度计划、项目进度控制方法。
技能点：制订项目进度控制方案。
单元 4：项目质量管理
知识点：项目质量管理内容、质量管理体系、项目质量计划、项目质量控制方法、项目施工质量事故处理程序、项目质量改进。
技能点：制订项目质量控制方案。
单元 5：项目成本管理
知识点：项目施工成本管理内容、施工成本计划、项目成本核算、施工成本分析。
技能点：项目成本核算与施工成本分析能力</td></tr>
<tr><td>实训项目
及内容</td><td colspan="3">项目 1. 给水排水工程项目施工组织设计
熟悉图纸、确定工作量、选择施工方法、编制施工进度计划。
项目 2. 给水排水工程项目进度、质量控制方案
熟悉工程项目、编制项目进度及质量控制方案</td></tr>
<tr><td>教学方法建议</td><td colspan="3">讲授法、案例法、项目法</td></tr>
<tr><td>考核评价要求</td><td colspan="3">过程考核 30%，知识考核 30%，结果考核 40%</td></tr>
</table>

3 教学进程安排及说明

3.1 专业教学进程安排（附表 12）

给水排水工程技术专业教学进程安排 **附表 12**

课程类别	序号	课程名称	学时			课程按学期安排					
			理论	实践	合计	第一学期	第二学期	第三学期	第四学期	第五学期	第六学期
必修课	一	文化基础课									
	1	思想道德修养与法律基础	48	0	48	√					
	2	毛泽东思想和中国特色社会主义理论体系	48	16	64		√				
	3	形势与政策	18	0	18		√	√	√		
	4	军事理论	36	0	36	√					
	5	高等数学	88	12	100	√	√				
	6	体育与健康	26	64	90	√	√	√			
	7	英语	76	24	100	√	√				
	8	计算机应用基础	26	54	80	√					
		小 计	366	170	536						
	二	专业课									
	9	工程图识读与绘制	42	18	60	√					
	10	计算机辅助设计	28	32	60		√				
	11	水力学与应用	52	8	60		√				
	12	工程测量	44	16	60		√				
	13	水质检验技术	26	24	50			√			
	14	水泵与水泵站	46	4	50			√			
	15	给水排水管道工程技术★	58	12	70			√			
	16	水处理工程技术★	104	16	120			√	√		
	17	力学与结构基本知识	88	12	100			√	√		
	18	建筑给水排水工程★	58	12	70				√		
	19	给水排水工程施工技术★	62	18	80				√		
	20	给水排水工程造价★	58	12	70					√	
	21	给水排水工程施工组织与管理★	38	12	50					√	
	22	工程建设法规	30	0	30					√	
		小 计	730	200	930						
选修课	三	限选课									
	23	应用文写作	24	6	30	√					
	24	专业英语	24	6	30			√			
	25	电工与电气设备	64	16	80				√		
	26	工程监理	30	0	30					√	
	27	职业规划与就业指导	30	6	36		√				
		小 计	172	34	206						
	四	任选课									
	28	小 计	90	0	90		√	√	√		
		总 计	1358	404	1762						

注：1. 标注★的课程为专业核心课程。

2. 限选课，共计 206 学时。

3. 任选课，共计 90 学时。

3.2 实践教学安排（附表 13）

给水排水工程技术专业实践教学安排 附表 13

序号	项目名称	教学内容	课程名称	学时	第一学期	第二学期	第三学期	第四学期	第五学期	第六学期
1	专业教育参观	1. 参观建筑给水排水工程项目； 2. 参观自来水厂； 3. 参观污水处理厂	入学教育	30	√					
2	军事训练	1. 队列训练； 2. 内务训练	军事理论与军事训练	60	√					
3	工程图识读与绘制实训	1. 识读工程图； 2. 绘制工程图	工程图识读与绘制	30	√					
4	计算机辅助设计实训	1. 常用绘图及编辑命令应用； 2. 应用计算机辅助设计软件绘制工程图	计算机辅助设计	30		√				
5	工程测量实训	1. 标高测量； 2. 测量放线	工程测量	30		√				
6	水质检验实训	水质检验操作	水质检验技术	30			√			
7	给水排水管道工程设计实训	1. 小区给水管道工程设计； 2. 小区排水管道工程设计	给水排水管道工程技术	60			√			
8	建筑给水排水工程设计实训	1. 建筑给水排水系统设计； 2. 建筑消火栓给水系统设计	建筑给水排水工程	60				√		
9	水处理运行模拟实训	1. 给水处理运行模拟实训； 2. 污水处理运行模拟实训	水处理工程技术	30				√		
10	给水排水管道及卫生设备安装实训	1. 给水排水管道安装； 2. 卫生设备安装	给水排水工程施工技术	30				√		
11	给水排水工程造价实训	1. 工程量清单编制； 2. 工程量清单计价	给水排水工程造价	30					√	
12	给水排水工程施工组织与管理实训	1. 给水排水工程项目施工组织设计； 2. 给水排水工程项目进度、质量控制方案	给水排水工程施工组织与管理	30					√	
13	水处理运行管理实训	给水、污水处理厂运行管理	毕业实践	90					√	
14	给水排水工程施工管理实训	建筑安装企业施工组织与管理	毕业实践	90					√	

续表

序号	项目名称	教学内容	课程名称	学时	第一学期	第二学期	第三学期	第四学期	第五学期	第六学期
15	给水排水工程设计实训	给水排水工程设计	毕业实践	90					√	
17	顶岗实训	职业岗位能力	毕业实践	570						√
18	毕业答辩	文字总结与口头表达	毕业实践	30						√
			小　计	1320						

注：每周按 30 学时计算。

3.3　教学安排说明

积极推行学分制，理论教学按 15～18 学时折算为 1 学分，实践教学按 1 周折算为 1 学分，修满 150～160 学分方可毕业。

毕业实践分为二个阶段：第一阶段安排在第五学期后 9 周，到实习单位进行相应岗位能力的综合训练；第二阶段安排在第六学期，在实习单位进行顶岗实习。

附录 2

给排水工程技术专业校内实训及校内实训基地建设导则

1 总 则

1.0.1 为了加强和指导高职高专教育给排水工程技术专业校内实训教学和实训基地建设，强化学生实践能力，提高人才培养质量，特制订本导则。

1.0.2 本导则依据给排水工程技术专业学生的专业能力和知识基本要求制订，是《高等职业教育给排水工程技术专业教学基本要求》的重要组成部分。

1.0.3 本导则适用于给排水工程技术专业校内实训教学和实训基地建设。

1.0.4 本专业校内实训与校外实训应相互衔接，实训基地与相关专业及课程实现资源共享。

1.0.5 给排水工程技术专业的校内实训教学和实训基地建设，除应符合本导则外，尚应符合国家现行标准、政策的规定。

2 术 语

2.0.1 实训

在学校控制状态下，按照人才培养规律与目标，对学生进行职业能力训练的教学过程。

2.0.2 基本实训项目

与专业培养目标联系紧密，且学生必须在校内完成的职业能力训练项目。

2.0.3 选择实训项目

与专业培养目标联系紧密，根据学校实际情况，宜在学校开设的职业能力训练项目。

2.0.4 拓展实训项目

与专业培养目标相联系，体现专业发展特色，可在学校开展的职业能力训练项目。

2.0.5 实训基地

实训教学实施的场所，包括校内实训基地和校外实训基地。

2.0.6 共享性实训基地

与其他院校、专业、课程共用的实训基地。

2.0.7 理实一体化教学法

即理论实践一体化教学法，将专业理论课与专业实践课的教学环节进行整合，通过设定的教学任务，实现边教、边学、边做。

3 校内实训教学

3.1 一般规定

3.1.1 给排水工程技术专业必须开设本导则规定的基本实训项目，且应在校内完成。

3.1.2 给排水工程技术专业应开设本导则规定的选择实训项目，且宜在校内完成。

3.1.3 学校可根据本校专业特色，选择开设拓展实训项目。

3.1.4 实训项目的训练环境宜符合给水排水工程的真实环境。

3.1.5 本章所列实训项目，可根据学校所采用的课程模式、教学模式和实训教学条件，采取理实一体化教学或独立与理论教学进行训练；可按单个项目开展训练或多个项目综合开展训练。

3.2 基本实训项目

3.2.1 本专业的校内基本实训项目应包括工程图识读与绘制实训、计算机辅助设计实训、普通仪器工程测量实训、水质常规检验实训、给水排水管道工程设计实训、建筑给水排水工程设计实训、水处理运行模拟实训、给水排水管道及卫生设备安装实训、给水排水工程造价实训、给水排水工程施工组织与管理实训。

3.2.2 本专业的基本实训项目应符合表 3.2.2 的要求。

基本实训项目 **表 3.2.2**

序号	实训名称	能力目标	实训内容	实训方式	评价要求
1	工程图识读与绘制实训	识读与绘制一般给水排水工程的施工图	建筑给水排水施工图、城市给水排水管道施工图识读与绘制、水处理工程施工图识读	识图 绘图	用真实的工程施工图纸作为评价载体，按照读图的准确度、速度以及绘图的正确性进行评价
2	计算机辅助设计实训	利用计算机绘制工程图	绘图设置、工程图的绘制、工程图的打印	设计	用真实的工程施工图纸作为评价载体，按照绘图的正确性以及熟练程度进行评价
3	普通仪器工程测量实训	利用普通测量仪器进行给水排水工程测量放线	经纬仪、水准仪使用、标高测量、施工放线	测量操作	根据准备工作、操作过程和最终成果进行评价
4	水质常规检验实训	水质常规检验	水质检验准备、检验操作、检验报告	检验操作	根据准备工作、操作过程和最终成果进行评价
5	给水排水管道工程设计实训	给水排水管道工程设计	收集资料、方案比选、设计计算、绘制施工图	设计	根据设计计算书、施工图纸以及答辩情况进行评定

续表

序号	实训名称	能力目标	实训内容	实训方式	评价要求
6	水力学实训	水力学常用实训	雷诺实验、文丘里实验、孔口、管嘴实验、水静压强实验、液体流线实验	实验	实验过程、操作准确、实验报告
7	建筑给水排水工程设计实训	建筑给水排水工程设计	收集资料、方案比选、设计计算、绘制施工图	设计	根据设计计算书、施工图纸以及答辩情况进行评定
8	水处理运行模拟实训	水处理厂（站）运行管理	给水处理厂或污水处理厂运行记录、故障处理记录	运行管理	根据运行记录、完成时间和最终成果进行评价
9	给水排水管道及卫生设备安装实训	给水排水管道与卫生设备安装的基本操作	常用管材的切断与连接、阀门的安装、卫生设备定位与安装	安装操作	根据准备工作、操作过程和最终成果进行评价
10	给水排水工程造价实训	编制给水排水工程造价文件	一般安装工程和市政工程的工程量清单与计价文件编制	编制工程造价文件	根据工程量清单与计价文件编制过程和最终成果进行评价
11	给水排水工程施工组织与管理实训	编制单位工程施工组织与管理文件	一般给水排水工程施工组织设计文件编制	编制施工管理文件	根据施工组织设计文件的编制过程和结果进行评价，编制结果参照《建筑施工组织设计规范》GB/T 50502

3.3 选择实训项目

3.3.1 给排水工程技术专业的选择实训项目应包括精密仪器工程测量实训、施工质量检查验收实训、消火栓给水系统安装实训和施工项目管理综合实训。

3.3.2 给排水工程技术专业的选择实训项目应符合表 3.3.2 的要求。

选择实训项目 **表 3.3.2**

序号	实训名称	能力目标	实训内容	实训方式	评价要求
1	精密仪器工程测量实训	利用精密测量仪器进行给水排水工程测量放线	精密测量仪器使用、标高测量、施工放线	测量操作	根据准备工作、操作过程和最终成果进行评价
2	消火栓给水系统安装实训	消火栓给水系统施工质量进行检测验收	消火栓给水系统安装、安装质量检查验收	安装验收操作	根据准备工作、完成时间和最终安装成果进行评价
3	施工质量检查验收实训	给水排水工程的施工质量检查验收	建筑给水排水工程施工质量检查验收、市政管道工程施工质量检查验收、水处理厂站工程施工质量检查验收	编制质量验收报告	根据实际操作的过程、完成时间和最终质量检查验收成果进行评价
4	施工项目管理综合实训	给水排水工程施工与管理	图纸会审、施工交底、施工组织设计、施工图预算编制、项目经理部设置、施工现场管理	编制项目管理文件	根据项目管理文件和组织管理情况，参照《建设工程项目管理规范》GB/T 50326 规定进行评价

3.4 拓 展 实 训 项 目

3.4.1 给水排水工程技术专业可根据本校专业特色自主开设拓展实训项目。

3.4.2 给水排水工程技术专业开设精密仪器水质检验实训、自动喷水灭火系统设计实训、自动喷水灭火系统安装与调试实训、市政管道安装实训时，其能力目标、实训内容、实训方式、评价要求宜符合表 3.4.2 的要求。

拓 展 实 训 项 目 **表 3.4.2**

序号	实训名称	能力目标	实训内容	实训方式	评价要求
1	精密仪器水质检验实训	精密仪器水质检验	水质检验准备、检验操作、检验报告	检验操作	根据准备工作、操作过程和最终成果进行评价
2	自动喷水灭火系统设计实训	自动喷水灭火系统设计	收集资料、方案比选、设计计算、绘制施工图	设计	根据设计计算书、施工图纸以及答辩情况进行评定
3	自动喷水灭火系统安装与调试实训	自动喷水灭火系统安装与调试	自动喷水灭火系统安装、系统质量检查、系统调试	安装调试操作	根据准备工作、完成时间和最终安装与调试成果进行评价
4	市政给水排水管道安装实训	市政给水排水管道安装与验收	沟槽开挖、管道敷设、阀门安装、管道试压试水、质量检查验收	安装检查验收操作	根据准备工作、完成时间和最终安装与检查验收成果进行评价

3.5 实 训 教 学 管 理

3.5.1 各院校应将实训教学项目列入专业培养方案，所开设的实训项目应符合本导则要求。

3.5.2 每个实训项目应有独立的教学大纲和考核标准。

3.5.3 学生的实训成绩应在学生学业评价中占一定的比例，独立开设且实训时间 1 周及以上的实训项目，应单独记载成绩。

4 校 内 实 训 基 地

4.1 一 般 规 定

4.1.1 校内实训基地的建设，应符合下列原则和要求：

（1）因地制宜、开拓创新，具有实用性、先进性和效益性，满足学生职业能力培养的需要；

（2）源于现场、高于现场，尽可能体现真实的职业环境，体现本专业领域新材料、新技术、新工艺、新设备；

（3）实训设备应优先选用工程用设备。

4.1.2 各院校应根据学校区位、行业和专业特点，积极开展校企合作，探索共同建设生产性实训基地的有效途径，积极探索虚拟工艺、虚拟现场等实训新手段。

4.1.3 各院校应根据区域学校、专业以及企业布局情况，统筹规划、建设共享型实训基地，努力实现实训资源共享，发挥实训基地在实训教学、员工培训、技术研发等多方面的作用。

4.2 校内实训基地建设

4.2.1 基本实训项目的实训设备（设施）和实训室（场地）是开设本专业的基本条件，各院校应达到本节要求。

选择实训项目、拓展实训项目在校内完成时，其实训设备（设施）和实训室（场地）应符合本节要求。

4.2.2 给排水工程技术专业校内实训基地的场地最小面积、主要设备名称及数量见表4.2.2-1～表4.2.2-9（按40人教学班配置）。

工程图识读与绘制实训室设备配置标准 **表4.2.2-1**

序号	实训任务	实训类别	主要实训资料及设备名称	单位	数量	实训场地面积
1	工程图识读与绘制	基本实训	建筑给水排水施工图、城市给水排水管道施工图、水处理厂（站）施工图	套	各41	不小于70m²
			绘图桌椅	套	41	
			绘图仪器	套	41	

计算机辅助设计实训室设备配置标准 **表4.2.2-2**

序号	实训任务	实训类别	主要实训资料及设备名称	单位	数量	实训场地面积
1	计算机辅助设计	基本实训	台式计算机	套	41	不小于70m²
			计算机桌椅	套	41	
			CAD软件（网络版40节点）	套	1	
			投影仪2500流明	台	1	
			投影幕布120″	幅	1	
2	城市给水排水管道工程设计	基本实训	同序号1			
3	建筑给水排水工程设计	基本实训	同序号1			
4	消火栓给水系统设计	选择实训	台式计算机	套	41	
			计算机桌椅	套	41	
			给水排水工程设计软件（网络版40节点）	套	1	
			投影仪2500流明	台	1	
			投影幕布120″	幅	1	
5	自动喷水灭火系统设计	拓展实训	同序号4			

水质检验实训室设备配置标准 **表 4.2.2-3**

序号	实训任务	实训类别	主要实训资料及设备名称	单位	数量	实训场地面积
1	水质常规检验	基本实训	酸式滴定管 50mL	支	40	不小于 70m²
			碱式滴定管 50mL	支	40	
			容量瓶 500mL	个	40	
			锥形瓶 250mL	个	40	
			移液管 50mL	支	40	
			烧杯 250mL	个	40	
			称量瓶	个	40	
			干燥器	个	5	
			光栅分光光度计 SP-722	台	5	
			浊度仪 2100N	台	10	
			COD 仪 CTL-12	台	10	
			pH 计 Session2	台	10	
			生物显微镜 XSZ-0808	台	10	
			电子分析天平 FA2004	台	5	
			生化培养箱 LRH-150	台	2	
			电冰箱 200L	台	1	
			恒温干燥箱 101-2A	台	1	
			电热蒸馏水器 YN-20-Z	台	1	
			蒸汽消毒器 YXQ. WY21. 600	台	1	
2	精密仪器水质检验	拓展实训	原子吸收谱仪 PE，AA-200	台	1	
			气相色谱仪 Agilent6890N	台	1	
			顶空进样 AgilentG1888	台	1	
			微波消解器 CEM，STAR6	台	2	

水力学实训室设备配置标准 **表 4.2.2-4**

序号	实训任务	实训类别	主要实训资料及设备名称	单位	数量	测量仪器室面积
1	水力学实训： 1. 雷诺实验 2. 文丘里实验 3. 孔口、管嘴实验 4. 水静压强实验 5. 液体流线实验	基本实训	雷诺实验仪	套	4	不小于 120m²
			文丘里流量计校正仪	套	4	
			孔口、管嘴仪	套	4	
			水静压强仪	套	4	
			液体流线仪（油槽流线仪）	套	4	
2	水力学实训： 1. 离心泵特性曲线测定实验 2. 能量方程实验	拓展实训	离心泵特性曲线测定实验仪	台	2	
			能量方程仪	台	2	

工程测量实训室设备配置标准 **表 4.2.2-5**

序号	实训任务	实训类别	主要实训资料及设备名称	单位	数量	测量仪器室面积
1	普通仪器工程测量	基本实训	普通经纬仪 DJ6	台	10	不小于 30m²
			普通水准仪 DS3	台	10	
			水准尺 3m	把	20	
			钢卷尺 30m	把	10	
2	精密仪器工程测量	选择实训	精密经纬仪 J2-2	台	5	
			精密水准仪 DSZ2	台	5	
			精密水准尺	把	5	
			激光垂准仪 DZJ2	台	5	
			激光测距仪 HD50	台	5	
			全站仪 RTS602	台	5	
			棱镜	个	5	
			地下管线探测仪	台	5	

给水排水工程施工实训室设备配置标准 **表 4.2.2-6**

序号	实训任务	实训类别	主要实训资料及设备名称	单位	数量	实训场地面积
1	给水排水管道与卫生设备安装	基本实训	砂轮切割机 DGN-300 型	台	5	不小于 120m²
			电动套丝机 SQ-100F	台	5	
			手提电钻 Φ12	台	10	
			冲击钻 Φ20	台	10	
			台式电钻 Φ30	台	2	
			工作台 1500×750	套	10	
			手动试压泵 SSY-5	台	10	
			交流电焊机 ZX7-250	台	5	
			PP-R 管热熔机 *De*20～*De*63	台	10	
			洗脸盆	套	5	
			淋浴器	套	5	
			小便器	套	5	
			蹲式大便器	套	5	
			坐式大便器	套	5	
			浴盆	套	5	
2	消火栓系统安装	选择实训	室外消火栓 *DN*100	套	2	
			室内消火栓箱 *DN*65	套	5	
			消火栓管道系统	套	1	
			消防加压系统	套	1	
3	自动喷水灭火系统安装与调试	拓展实训	自动喷头 *DN*15	个	10	
			水流指示器 *DN*65	个	1	
			信号阀 *DN*65	个	1	
			报警阀 *DN*100	套	1	
			自动喷水灭火管道系统	套	1	
			报警控制台	台	1	
			稳压系统	套	1	
4	市政管道工程安装实训	拓展实训	电动试压泵 3DSY	台	2	
			交流电焊机 ZX7-250	台	2	
			PE 管热熔机 *De*200	台	2	
			阀门 *DN*200	个	2	
			手拉葫芦 1t	台	2	
			钢丝绳拉紧器	台	2	
			注塑成型检查井	套	4	

水处理运行模拟实训室设备配置标准 **表 4.2.2-7**

序号	实训任务	实训类别	主要实训资料及设备名称	单位	数量	实训场地面积
1	给水、污水处理厂运行管理	基本实训	台式计算机	台	41	不小于 $70m^2$
			水处理运行模拟软件（网络版 40 节点）	套	1	
			投影仪 2500 流明	台	1	
			投影幕布 120″	幅	1	

给水排水工程造价实训室设备配置标准 **表 4.2.2-8**

序号	实训任务	实训类别	主要实训资料及设备名称	单位	数量	实训场地面积
1	给水排水安装工程计价	基本实训	台式计算机	套	41	不小于 $70m^2$
			计算机桌椅	套	41	
			安装工程计价软件（网络版 40 节点）	套	1	
			投影仪 2500 流明	台	1	
			投影幕布 120″	幅	1	
2	市政管道工程计价	基本实训	台式计算机	套	41	
			计算机桌椅	套	41	
			市政工程计价软件（网络版 40 节点）	套	1	
			投影仪 2500 流明	台	1	
			投影幕布 120″	幅	1	

给水排水工程施工组织与管理实训室设备配置标准 **表 4.2.2-9**

序号	实训任务	实训类别	主要实训资料及设备名称	单位	数量	实训场地面积
1	给水排水工程施工组织设计	基本实训	台式计算机	套	41	不小于 $70m^2$
			计算机桌椅	套	41	
			施工组织设计软件（网络版 40 节点）	套	1	
			投影仪 2500 流明	台	1	
			投影幕布 120″	幅	1	
2	给水排水工程项目进度、质量控制方案	基本实训	台式计算机	套	41	
			计算机桌椅	套	41	
			施工资料管理软件（网络版 40 节点）	套	1	
			投影仪 2500 流明	台	1	
			投影幕布 120″	幅	1	
3	施工项目管理综合实训	选择实训	同序号 1、2			

说明：以上实训计算机房为共用计算机房。

4.3 校内实训基地运行管理

4.3.1 学校应设置校内实训基地管理机构，对实践教学资源进行统一规划，有效使用。

4.3.2 校内实训基地应配备专职管理人员，负责日常管理。

4.3.3 学校应建立并不断完善校内实训基地管理制度和相关规定，使实训基地的运行科学有序，探索开放式管理模式，充分发挥校内实训基地在人才培养中的作用。

4.3.4 学校应定期对校内实训基地设备进行检查和维护，保证设备的正常安全运行。

4.3.5 学校应有足额资金的投入，保证校内实训基地的运行和设施更新。

4.3.6 学校应建立校内实训基地考核评价制度，形成完整的校内实训基地考评体系。

5 校 外 实 训

5.1 一 般 规 定

5.1.1 校外实训是学生职业能力培养的重要环节，各院校应高度重视，科学实施。

5.1.2 校外实训应以实际工程项目为依托，以实际工作岗位为载体，侧重于学生职业综合能力的培养。

5.2 校 外 实 训 基 地

5.2.1 给排水工程技术专业校外实训基地应建立在二级及以上资质的房屋建筑工程施工总承包和专业承包企业。

5.2.2 校外实训基地应能提供与本专业培养目标相适应的职业岗位，并宜对学生实施轮岗实训。

5.2.3 校外实训基地应具备符合学生实训的场所和设施，具备必要的学习及生活条件，并配置专业人员指导学生实训。

5.3 校 外 实 训 管 理

5.3.1 校企双方应签订协议，明确责任，建立有效的实习管理工作制度。

5.3.2 校企双方应有专门机构和专门人员对学生实训进行管理和指导。

5.3.3 校企双方应共同制订学生实训安全制度，采取相应措施保证学生实训安全，学校应为学生购买意外伤害保险。

5.3.4 校企双方应共同成立学生校外实训考核评价机构，共同制订考核评价体系，共同实施校外实训考核评价。

6 实 训 师 资

6.1 一 般 规 定

6.1.1 实训教师应履行指导实训、管理实训学生和对实训进行考核评价的职责。实训教师可以由兼职教师担任。

6.1.2 学校应建立实训教师队伍建设的制度和措施，有计划对实训教师进行培训。

6.2 实训师资数量及结构

6.2.1 学校应依据实训教学任务、学生人数合理配置实训教师，每个实训项目不宜少于2人。

6.2.2 各院校应努力建设专兼结合的实训教师队伍，专兼职比例宜为1∶1。

6.3 实训师资能力及水平

6.3.1 学校专任实训教师应熟练掌握相应实训项目的技能，宜具有工程实践经验及相关职业资格证书，具备中级（含中级）以上专业技术职务。

6.3.2 企业兼职实训教师应具备本专业理论知识和实践经验，经过教育理论培训；指导工种实训的兼职教师应具备相应专业技术等级证书，其余兼职教师应具有中级及以上专业技术职务。

附录A 本导则引用标准

室外给水设计规范 GB 50013—2006

室外排水设计规范 GB 50014—2006

建筑给水排水设计规范 GB 50015—2003（2009年版）

建筑工程施工质量验收统一标准 GB 50300—2001

给水排水制图标准 GB/T 50106—2001

自动喷水灭火系统施工及验收规范 GB 50261—2005

自动喷水灭火系统设计规范 GB 50084—2001

电气设备用图形符号 GB/T 5465.2—1996

电气装置安装工程电缆线路施工及验收规范 GB 50168—92

给水排水管道工程施工及验收规范 GB 50268—2008

建筑给水排水及采暖工程施工质量验收规范 GB 50242—2002

城市污水处理厂工程质量验收规范 GB 50334—2003

建筑施工安全检查标准 JGJ/T 77—2010
建设工程工程量清单计价规范 GB 50500—2008
建设工程项目管理规范 GB/T 50326—2001
建筑施工组织设计规范 GB/T 50502—2009
城镇污水处理厂污染物排放标准 GB 18918—2002
地表水环境质量标准 GB 3838—2002
给水排水构筑物施工及验收规范 GB 50141—2008

附录B 本导则用词说明

为了便于在执行本导则条文时区别对待，对要求严格程度不同的用词说明如下：

1. 表示很严格，非这样做不可的用词：
正面词采用“必须”；
反面词采用“严禁”。

2. 表示严格，在正常情况下均应这样做的用词：
正面词采用“应”；
反面词采用“不应”或“不得”。

3. 表示允许稍有选择，在条件许可时首先应这样做的用词：
正面词采用“宜”或“可”；
反面词采用“不宜”。